方向错了，还感觉全世界辜负了你

何权峰／著

北京时代华文书局

如果你在寻求欢笑进入你的生活，

当你走进房间时，记得将欢笑带进房间。

前　言

方向错了，还感觉全世界辜负了你

想象一个画面：早上九点，你在一座桥上，俯瞰一条交通繁忙的公路，人来来往往，车子穿梭在车队中。往下看着路过的人和车的片刻，想想，这些人和这些车要去哪儿呢？其实，他们在寻觅相同的事物。

我们周遭的每一个人都在寻寻觅觅：寻找快乐、追求更幸福美好的生活。我们所采取的每一个行动，都是为了这个目标。但是，我们为此做过的努力，有没有真正带给我们更美好的生活呢？还是带来更多挫折、更多负担、更多冲突、更多绝望、更多痛苦、更多不幸……

漫画家蔡志忠写过一篇关于人生意义的文章，发人深省。

大多数的人都像一群跑道中的跑者，不知道自己要跑到哪里？要跑去做什么？甚至跑到人生的终点死了，还不知道自己这一生为的是什么，大多数人就像江河中的一滴水，随波逐流跟着大家走，在途中，别人跑得比他快，就伤心、嫉妒；别人跑得比他慢，就得意洋洋。

有时候他跑累了，想停下来休息，但看到许多人飞快地超过他，又身不由己地追上去。这样跑啊，跑啊，直到累死为止。

这些年你都在忙些什么？是否也该停下来问问自己：你要去哪里？你走对方向了吗？（你要的是什么？有得到你想要的吗？）在你感觉被全世界辜负时，应该好好想想你想要的真的是你想要的吗？

你可曾体会“喜乐”这回事？不必回答我，这问题是问你的——因为只有自己最清楚。不要一味地跟着别人跑，不必依照别人的定义，不要管别人怎么说，你要问自己的内心：“我真的快乐吗？满足吗？感到幸福吗？”如果答案是否定的，或许你要做的，不是追求你想要的东西，而是改变你想要的东西。

目　录

CHAPTER 3

从心改变，转念就是出路…… 35

CHAPTER 4

全心专注，享受人生的不完美…… 69

CHAPTER 5

达成你想在世上看到的改变…… 109

CHAPTER 6

圆满人生，用这种心态就对了 …… 151

CHAPTER 1

活出你要的人生，记住这三句话

我们大多数人都能快乐得如我们内心所决定的。

——威廉·亚当斯

我想要的是什么？

我跟新进的员工谈话时，都会问他们希望人生能得到些什么，以及他们要怎么做才能得到想要的东西。

有些人终其一生都未能达成梦想，因为他们从未列出清单，甚至从未想过“一生到底要什么？人生目标是什么？想过什么样的生活？”这类问题。

当有人对我说出内心的烦恼，我也会这么问：“是的，你的生活很悲惨，那你想要什么呢？”“你的期待是什么？”很多时候，我们会感到迷茫、焦虑、怨恨、空虚、无趣，也是因为还不明白自己想要的是什么。

《爱丽丝梦游仙境》的故事里，有段很有意思的对话：

爱丽丝：“请你告诉我，我现在应该要走哪条路呢？”

“那得看你想要到哪里去啊！”笑脸猫说。

“到哪里去都没关系……”爱丽丝说。

“那么你走哪条路也都没有关系噢。”笑脸猫回答。

有句话说得好：“有目标的船叫航行，没目标的船叫漂泊。”你必须先决定自己要到哪里去，也就是你的目的或目标，才能决定你要走哪条路。如果没有目的地，不知道要去哪，那走哪条路也就无所谓了。

想法先于行动。假设你想拥有一双很想穿、很喜欢的红色鞋子，你知道鞋子的模样，更真心想找到它们，那么，这比起你从来没想过这双鞋子，更有机会找到它。假如你不知道自己在找什么东西，你怎么可能找到呢？

* * *

人所追求的无非快乐，而快乐之道在于：有事可做、有人可爱、有梦可盼望、有人可分享。

想想，你认识的人中那些最快乐的，无论是家里、学校、办公室、小区，还是团队，他们都是最积极、最活力十足的人。他们可能来自不同行业，在不同的生涯发展阶段，但他们有一点非常相像：朝目标全力以赴，做自己爱做的事。

而你呢，你想要的是什么？

我能够做什么？

我们都知道想法并不是公式的全部，想法只是个开头而已。下决定是一回事，真正去做又是另一回事。决定要戒烟是一回事，是否要接朋友递给你的烟那是另一回事。决定要减肥是一回事，看到喜欢吃的美食又是另一回事。

梦想，之所以遥远，是因为我们往往都在想而已。每件事情开始执行后，会遇到各种困难与阻碍，必须以坚定的意志力去克服，但是多数的人都会退缩，并为自己找理由与借口，最后不了了之。

现在，问自己以下问题：

一、想达成愿景，要在哪些方面下更多功夫？

二、这对我的整体计划来说有何重要性？

三、为了改进这些，我要做些什么不一样的事？

记住莎士比亚的话："不要以为一个人既然做不到所有要做的事，就不去做自己能做的事。"就好比学生考试要是不能拿到高分，并不是干脆放弃，拿零分算了。当事情进行不顺利或失败时，你要问的是："我还能够做什么？"

你不可能刚开始一项读书计划，就期待下次考第一名。你也不可能只吃一次营养品，就看到自己的健康获得全面改善，这是不可能的，你必须经常服用、每天服用。

看清楚你要的是什么，接下来，就是要有付出代价的决心。

我正在做什么？

很多人都要一直等到身体出现病痛、婚姻关系走不下去了、经济状况一塌糊涂时，才会想要改变。然而，你真的不需如此。改变，现在就可以开始。

我们都喜欢拖延，“看完电视再说”、“等周末再做”、“等工作忙完，我再陪孩子和父母”或者“等我有……的时候再说”。每当听到这一类的托词，总不免想起爱默森的话：“横在我们身前身后的所有阻碍，若比起我们心中所怀藏的阻碍，真是小巫见大巫了。”

人们总以为必须等到适当的条件和好的时机才采取行动。怠惰的人会说，等到我有足够的时间我就会去做；沮丧的人会说，等到我有足够的信心我就会振作；胆怯的人会说，等到我有足够的能力我就会行动。

事实上，每段感情的维系，每项技能的学习都需要一定的时间，等待并不能缩短时间，等待也不能增强你的能力和信心，等待更不能让你无中生有。就如泰戈尔说的：“单是看着海水并不能让你渡过海洋。”你必须把所想的化为实际行动。

“运动锻炼，现在开始！”

“学英文，现在就报名！”

“维系感情，立刻就做！”

拿起电话问候你的父母、妻子、孩子、远方的朋友，当作一个开始。坐而言不如起而行，赶快踏出你的第一步吧！

CHAPTER 2

做任何事之前，先想想这五个问题

真正的成功会带来荣誉，但真正的失败会带来真正的勇气与力量。

——托马斯·劳伦斯

我为什么做事？

人们每天做的事都差不多，上班上学，吃饭睡觉，然而，现在问题来了：如果人们做的事都差不多，那么，是什么东西让他们变得不同？

答案不在于他们做什么，而是在于他们为什么要做这些事。

举例来说，一早阿明赶着上班。但是阿明为什么要上班呢？这原因可能有很多，“没办法，我要付很多的账单，要养家糊口。”“我必须赚够钱，才可以退休养老。”“因为可以提升自己的价值，让自己成长。”“工作中有很多乐趣，还能帮助别人。”

目标不同，意义也大不同。

* * *

柏拉图说：“人是一种追求意义的动物。”不论做任何事，只要其动机能够促成你追寻更大的目标，它就是有意义的。有意义，做事才会有动力。

虽然许多人抱怨工作薪水低，让他们失去了工作热情；但就算公司加薪，多放几天假，通常工作热情也维持不了多久。其实问题不在金钱，而在意义。企业不赚钱，也别只想到裁员，而是要思考如何让员工有动力，找到工作的意义。

你可以请教那些成功之士，他们在没有丰厚的回报下，还会不会把工作做好？大部分人会给你同样的答复：“当然！我热爱自己的工作。”

许多创业家和企业家，钱多到不必工作也能舒服度日，他们为什么还继续工作？没错，是他们忠于对自己有意义、对理想的热情。

诚如《成功长青》一书的研究结果显示，成功人士之所以能够“成功长青”，是因为他们都找到了工作的意义，他们确信做某件事能对这个世界有贡献，而且他们总是全力以赴、热爱自己的工作，仿佛拥有一个使命必须要去完成。

不论做什么事，我建议大家经常问自己——“为什么？”

· 为什么我会做现在所做的事？

· 我的最高目标是什么？

你工作不只是为谋生，而是为了彰显个人价值；你读书不是为了考试，而是为了成为更出色的人；你是在做艺术家的工作，而不是作业员。依此类推，你做现在所做的事是为大众服务，你是把它当作修行，你是为了撒播爱与正面能量，是为了立下标杆与典范……把这些当成最高目标，你的人生就能找到意义。

一位朋友谈到，他最近所做最有意义的事，是探望并照顾年迈多病的母亲。他一开始认为，这样做的理由是恐惧，他害怕自己不照顾母亲，会被认为不孝。现在他了解到，他的行动潜藏着更深的意义。那就是亲情的连结，家庭美满，也是给孩子最好的身教。

最初，去照顾母亲是种压力，后来，这件事变得越来越快乐，因为他看到深层的意义，他每次探望母亲都变得和睦喜悦。

记住，让事情变得有意义，不是你做什么，而是你如何及为何要做这些事。

如果你持续追求最高目标，长期下来就会发现你的成功快乐，不会因为有没有外在的奖赏而改变。有一颗正面能量的心，就能让收获比赚钱更多，当然还包括工作、健康、人际关系、生活乐趣和人生意义等各方面。

/ / /

你可以做一个实验，回到家，张开双手，把孩子抱起来，量量他们的体重。假如孩子的体重是四十千克，你抱起来转一圈，并不会觉得是沉重的负担。

接下来，找来一块四十千克的石头，抱起来转一圈看看，感觉是不是很沉重？

爱，减轻了负荷；有意义，就不觉得是负担。

如果你看不到现在所做事的价值，也感受不到其中的乐趣，怎样做呢？没错，就是去赋予它意义，或更多的爱。

我是为谁而做？

你有过不知为何而做，为谁而做的经验吗？

我想许多人应该都有。之所以如此，那是因为我们都忘了："为自己的快乐而做。"

今天你捐一千元出去，你会感到快乐。如果你被偷走一千元，同样是失去一千元，你却不快乐。为什么？

你请朋友吃饭，你会感到开心，如果你是勉强的，同样是一餐，你却不开心。为什么？

因为不是出于自己快乐做的事，就不会开心。

* * *

以前住的小区，有几个妈妈决定做环保义工，每天帮小区垃圾分类。这原本是件好事，但是时间一久，认真参加的就对不来参加的人，或不认真的人感到不满，甚至对没做好分类的人感到愤怒。这就是没搞清楚，她们忘了到底为谁而做。

许多人做事都不是为自己而做，是做给人家看，若是做给人家看就会想获得别人肯定，希望别人感激，一旦期待落空，就会觉得委屈；那就是为什么从事义工和慈善团体的人，他们总是说："我们做这类工作一定要为自己。"

这道理我也常提醒学生，如果你认为上课读书是"为父母，为老师"，往往意兴阑珊，心不甘、情不愿。"是自己想要的"，才会有动力，有进取心。

职场也一样，如果你认为："我为老板工作，为公司打拼。"就会期待得到加薪和晋升，怨怼不平也由此而生。而"为自己做"则完全不同。当你认为你是在为别人工作，那你就永远只能为别人工作。如果你认为你是在为自己工作，那你终将会有自己的一番事业。

有一件事大家务必要牢记：无论做什么，都要跟随你的喜悦。能为你带来快乐的事，一定会为每一个人带来快乐；勉为其难而做的事，早晚也会为别人带来负担。

在处理人际关系时，人们一再抱怨，“我这样对他，他怎么可以这样对我？”这又是搞错了。任何真正去爱的人都知道爱是喜乐，你爱一盆花、一只小猫、小狗，即使它不给你任何回报，你也会去照顾它、喂养它、关心它，因为那是你喜欢的，你是满心欢喜的。你会对爱人嘘寒问暖、下厨做菜给他吃，你想对他好一点、给多一点，你了解那也是自己想做的。不是为了想得到什么。当你记起这样的初衷，郁结的心情就会释怀，你和他人关系也会变得单纯美好。

有位太太终于领悟了，她告诉我：“我不把先生的反应当成我的诉求，我就做我该做的，以前我觉得很委屈，现在我倒过来想，所有一切都是为我自己的快乐而做，我不必在乎他有什么反应，反而感觉快乐多了。”

这就对了！无论你做什么，都是为自己的快乐而做，那就毫无怨言。

情绪可以显示出，“真正的你”与“虚假的你”。

如果你做任何事，是与“真正的你”一致，你就会感觉到喜悦或是表露正面情绪；反之，当你做某些事，会感觉到愤怒、沮丧，或者任何负面情绪，这就表示那只是“虚假的你”。

柴可夫斯基说过：“如果你是真情真意的，所受的委屈便很快就能忘记。”

如果你为某人做事最后会不快乐，会觉得委屈，那是因为你并不是真情实意。

我的动机是什么？

有个人朝着一个挨饿的孩子走去，他对这个孩子说：“我有一片面包给你，但是你必须先唱首歌来听听。”所以这个男孩唱了首歌，吃到了面包。接着另一个人走向这个孩子，说道：“喔，可怜的孩子，你看来饿坏了。拿着这片面包。我真希望能给你更多。”这孩子吃了面包。第三个人经过，交给了男孩一片面包，没有说半句话，继续走他的路。

这个故事想传达一个重点：动机。虽然他们都给了这个孩子面包，但第一个人的表现像个生意人；第二个则是悲天悯人；第三的行为如同路人。同一行为的背后可能会有不同的动机。

想象一下，有个福利机构想在贫穷的小区盖一座医院，因此开始募款。一位富有的人捐了一千万，这个人捐款时想的是："医院建好的时候，门厅的墙上会有我的名字，大家会知道我是这座医院的主要金主。"这就是他的动机。

另外一个人，并不太有钱，捐了一万元，他想："在那里能盖一座医院，真是太好了！希望每一位病人都能把病治好，希望他们的健康能获得更好的照顾。"你认为谁在真正行善？

动机永远比行为来得重要。我认识一位在儿童癌症病房担任化疗工作的护士，她的工作是在病童瘦弱的手臂上搜寻可用的静脉做化疗药物注射，这个注射过程通常得持续达十二小时之久而且非常痛苦。她对自己工作感到挫折，甚至怀有罪恶感。

她没有爱吗？正好相反，她是个满怀爱心的人。

另一个护士对是否请辞犹豫不决，原因是上班的时间太长，她常因不能多抽出时间陪伴两岁的儿子而自责。可是一放下工作陪伴儿子，又想到不能多赚钱补贴家用的方法，自觉愧对先生。

她没责任感吗？不，她就是太有责任感，才会愧疚。

我自己也有类似的经验，比方，好心帮人却帮了倒忙，还有病人的治疗效果不如预期。在那种情况，我当然也会自责。再如，有时大家太过信赖我，把事情交给我，然而有些事是超出我的能力的，以致未能尽如人意。我会不断地提醒自己：回到动机上。

找到动机，跟没找到动机，差别最大的就是做事情的态度。找到动机的人，知道为何而做，为谁而做，就算遇到挫折、怀疑，只要没有忘记动机，很快就能够恢复积极的态度。而很多人一件事做一半停了，是因为他本来很快乐地做，做到后来发现不快乐了。那表示，他无法掌握内在的那份快乐，他失去了动机。

我们若对自己的动机有所知觉，而且能够加以修正，那么别人赞美我，还是怪罪我，就没有关系了。因为我们了解自己，当我们看到自己都是出自良善的动机，即使他人不认同或批判我们，我们也不会觉得自己不好，因为我们知道自己内在的真相。

我的哲学是："做对的事，不要怕犯错。"过失，是行为的结果，不是行为的动机。只要动机纯正，问心无愧，就没什么好怕的。

每个行为背后，都有一个动机。在决定做一件事之前，想想看，你的动机是什么？

/ / /

看待别人的错，要看“动机”而非“行为”。若是动机良善，就应该原谅。

面对别人批评时，同样只要自己动机纯正，就不必在意。不要因为被误解或批评责难就退却。如果所有人都对你满意，反而表示你可能有问题。因为如果做坏事，好人会骂你；做好事，坏人会骂你。你应该坚定自己的初衷和信念，去做正确的事。

处理人际问题时，永远不要忘记良善的初衷。如此一来，你的动机就会保持单纯，而这个初衷也会为你指引正确的道路。

我能贡献什么？

“我可以给这个人什么？”“我能服务什么？”如果你从来没有想过这些的话，那么可以肯定你是个以自我为中心的人；如果你只想着别人给了你什么，而从不想自己给予别人什么，那么你一定很难快乐。

《天下杂志》曾针对高中到大学阶段的学生进行生命教育大调查，结果发现有近半数的高中生、大学生“不知道自已要做什么”，有超过四分之一学生有过轻生念头，还有许多学生认为“不管做什么，都没有意义”。调查显示台湾地区的年轻人正在人生的道路上迷航。

* * *

基本上，人都是自私的。当事情发生时，我们的第一个念头往往是："这对我会造成什么影响？"或者"这对我有什么好处？"但讽刺的是，如果我们少去想自己，多去关怀别人，最后反而会得到更多好处，更有影响力。

当你能经常向自己发问："我可以给这个人什么？"你就会看见自己的价值；当员工能问自己"我能贡献什么？"时，就会开始转变工作态度，变得积极主动、自动自发、充满热情；即使当你和一个生意上的客户碰面，或是害怕站在众人面前说话时，你只要这样想："我要如何协助这些人？我的专业、产品、建议或服务为何？我如何为对方做更多？"当你所要传达的讯息是要帮助人，你会对这些人毫无保留，付出无私的关爱，就不可能感到害怕。

有位知名化妆品的经理，谈到一段她的经历。曾经有人问她"什么原因让你随时保持自信？""我到了任何一个场合，首先想到的是，有什么需要我帮忙的地方。这让我忘了自己，融入环境之中，并且有自信地配合大家。"

股神沃伦·巴菲特，在自传《滚雪球》（*The Snowball*）中曾分享：“事实上，我一直刻意避免在众人面前站起来说话。”后来他痛下决心，每周练习在公开演讲时“排除自我意识”，也就是放下“过度在意自己表现如何”的得失心，才克服这种恐惧。

那些烦恼痛苦的人都花太多时间去想自己——我受到挫折、我觉得失望、我很难过、我好生气……我们不时担心自己是否快乐？是否被喜爱？是否可以得到更多？我们只想到自己。“你为什么不快乐？”作家为无为（Wei Wu Wei）说的对，“因为，你做的事情中，有百分之九十九点九是为了自己。”

也许有人会认为自己的麻烦已经够多了，还把别人的痛苦加在身上，无疑是雪上加霜。但正好相反，经验告诉我们，想要帮助别人解除痛苦，不但不会增加自身痛苦，反而会让自己的痛苦消失。如同知名的印度佛学上师寂天所说：

> 我所见到的丝毫痛苦，
> 都是来自于尝试去满足自己；
> 我所见的任何快乐，
> 却都来自于满足他人。

所以在西方，心理分析学家鼓励人们去帮助别人，尝试去为别人服务。美国心理学家马丁·塞利格曼的智慧之言：“想快乐一小时，就去睡午觉；想快乐一整天，就去钓鱼；想快乐一个月，就去结婚；想快乐一辈子，就去帮助人。”助人是一件快乐的事，只有你自己快乐，才有办法帮助别人。帮助别人，就是在帮助自己。

我常想，假使有一天，我对人毫无贡献，是不是也代表自己微不足道？

///

快乐来自被需要。当你被需要，你就觉得快乐，因为你看到自己存在的价值，活得就更有意义。

当一个人被孩子需要，意味着他有能力照顾孩子；被情人需要，意味着他正被对方所深爱着；被父母需要，意味着他有能力让父母享受天伦之乐；被朋友需要，意味着他有能力为朋友分忧解难；被主管需要，意味着他的工作能力获得肯定；被属下需要，意味着他可以为他们解决问题。换句话说，我贡献更多人，我就是更有用的人，活得就更有意义。

每天清晨起床都问自己：“今天我能为世界做什么？”生活的目的就是有目的地生活。当你知道自己能做什么，你就不会在人生道路上迷航。

我最后想要什么？

人一辈子都不断地在追求，总是想要这，想要那，但你想过自己“最后想要”的是什么吗？

我猜，应该不是赚更多钱吧？较有可能是像下面这些例子：“真希望多点时间陪伴家人。”“希望一家人能团圆。”“希望有更多时间享受人生。”“希望自己能活下来就好。”

不久前，有位医界老友在手术时心脏突然停止，在起死回生之后，他告诉我：“这场意外让我领悟到，我错失了生活中一些重要的东西。”他觉得自己对几个孩子了解得太少，也太少陪伴他们；他还答应过要带妻子去很多地方。

死亡是一则不凡的启示。就是因为有死亡，人们才开始审视自己的生命、生活方式，以及什么才是最重要的事。你的整个价值观都会因此而改变。若生一场大病，你会发现金钱不重要；若病得很久，你会发现家人很重要；若病得很严重，你会愿意用一切换回“最珍贵”的东西。

一个刚考完段考自杀的学生，他母亲在急诊室嚎啕大哭：她很后悔，后悔太过严厉地逼迫孩子，后悔只用成绩评断孩子的好坏，只是她的孩子再也回不来了。

一位很爱美的女孩，在得了癌症后，化疗的过程让她吃足了苦头，恶心呕吐、脱发，原本美丽的脸也渐渐肿胀，她说，我现在只希望自己能活下来就好。

还有一位教授，他抗癌多年，癌细胞奔窜在他的血液里，肝肺脏里，骨髓里，脑子里。他想：“所有的名利，现在对我来说都是可笑的事情。如果能够，我愿平平静静地过日子，写写东西，看我的孙女长大，带她上学。”

* * *

从事医疗工作，我看过的意外比一般人多，我发现，当生命即将终了，人们所说的全都是对亲友的不舍，却完全未提到平日那些引以为傲和患得患失的东西。它们，原来是可有可无的！

今天，我们发现孩子成绩一落千丈，就觉得世界末日已经到了。但是明天孩子被诊断出脑部有问题，相比之下，成绩算什么？我们满心期盼的只要孩子健康就行。进一步检查，发现是恶性肿瘤，这时候我们又觉得只要孩子能活着就好，其他的我们什么都可以不要。

那些平常最在意的，最难分难舍的，竟然在最后的取舍里，完全没有它们的位置。这才看清什么是“最珍贵”，体会什么叫作“身外之物”。

所以，别净是想着要如何升迁、加薪、换车子、买大房子。试想，如果某天你发现家人得了重病，或是发现身上有个肿瘤，这些东西还有那么重要吗？

你“最后想要”的是什么？想想看，这会让你对人生有一个新的认识。

///

人的不幸就在“我想要”，幸福的体会是“我只要”。

我只要健康平安，我只要你快乐，只要能跟你一起就好，这就是幸福；当你想要更多，你就变得不幸。

每天平平安安，身旁的人都在，我们不懂得珍惜，还想要这想要那，等有一天生了大病、遇上灾难或失去这一切，我们就会突然怀念起以前：“我只希望能回到过去就好”，这就叫人在福中不知福。

CHAPTER 3

从心改变，转念就是出路

只要完成一次他人认为你办不到的事，你便再也不会在意别人批评你的意见为何。

——詹姆斯·库克

愿景，知道自己为什么而奋斗

假想你要爬一座山，山顶有让人惊艳的景致。你已爬了一半，碰到高陡的山坡，险峻的山谷。就在这时下起倾盆大雨，你身上又冷又湿，艰难地走在湿滑的陡坡上，脚酸气喘。你不禁想着：“唉！我快受不了！”

你有两个选择：回头或继续往前走。如果你继续往前走，当然不是为了让自己更冷、更湿、更累，而是为了享受登顶的快感和无限的美景。你愿意忍受眼前的不舒服，不是有被虐待狂症，而是因为不忍受就无法完成你的愿景。

许多从事体育活动，不论是游泳、划船、骑单车或是铁人三项、马拉松，时时刻刻都要面临疼痛与体能的考验，然而，为了超越自我，突破自己体能的限制，他们都会为自己勾勒心中的愿景，知道自己真正想要什么，在面对内在或外在的困境、阻碍或挫折时，仍能坚持下去。

什么是愿景（Vision）？简单说，即是一种内心的愿望，所向往的前景，想达成的某一种成就。这并不是说你一定喜欢或乐在其中，而是为了达成这个目标，你愿意实践、追求以及承担。

举例来说：我在一个美好的周末坐在这里，写这本书，这对我来说感觉并不怎么美好，任何一位作家应该都有类似的感受，好比挫折感、烦躁、筋骨酸痛等状态，甚至“吟安一个字，捻断数根须”的窘境。

然而，我仍继续写下去，而不是出门休闲娱乐，或者躺在沙发上看电视，即使这能立刻让我快乐。不过，我更期待完成作品引领我得到更大的满足。虽然我周末并不好过，但为了有更好的作品，我心甘情愿。

* * *

多数人都明知自己该做什么，但偏偏就是没有那个动力和意志力。我们可能会说自己太累、能力不足或太难完成艰巨的目标。人们普遍相信，意志力（自我控制力）是一种个人特质，其实，大家都搞错了，能否有动力和意志力，关键在于是否有愿景——知道自己为什么而奋斗。

有位学生原本是个标准的月光族，随性消费，也不知钱到底花到哪儿去了。后来他突然变得很节俭，开始记账，有钱就存款。我问他："怎么回事？"他告诉我，"一切都是为了筑梦，因为有朋友买了期房拼命邀我一起做邻居，当时我跑去看样品屋，美轮美奂的房间让我非常心动，就下决定开始存钱。"

我们应该经常在心里问自己："我的愿景是什么？为了达成这个愿景，我愿意承担哪些？"这问题很重要，每当我们面对挑战时都应一再思索。当你清晰地看到自己完成目标时，这样的景象或理想，在你身处低潮时，能把你带回正途。当你找到心中燃烧的热情之火，就能烧去横在面前的一切阻碍，继续向前。

"一个人知道自己为什么而活，就可以忍受任何一种生活。"尼采的至理名言，送给正在奋斗的你。

美国航天员萨莉·莱德说：“赢得好射手美名并非由于他的弓箭，而是由于他的目标正确。”

你的人生，有明确的目标吗？五年后，你的人生会变成什么样子？想想看，你想要成为什么人、想要拥有什么、想达成什么？希望培养出什么新的积极行为，或想实现什么愿望？

现在，把愿景写下来，并将它可视化。如果你的内心能够看见成功的景象，让自己沉浸在这项新成就所产生的积极感觉中，将大幅提高你的动机和意志力，帮助你梦想成真。

记住，愿景要够远大，视野才能宽广，要扎实地去做，那么愿景变大时，才不会崩塌。

有了希望，生命就充满任何可能

没有任何人可以阻断希望，希望之前人人平等。不论你现在的处境是好是坏，你还是可以有所作为，创造美好的未来。

我碰过很多人失去希望，是因为一开始就自我放弃，常听到的版本大概有这几种："我不是念书的料"、"景气太差"、"那要有钱才能办得到"、"我年纪太大了"、"我还太年轻了"、"我没有人脉"、"我永远无法取得那样的成就"。

也碰过许多人觉得情况严峻，快走投无路了，才想要放弃希望。

其实，大家都搞错了，是因为自己先放弃了希望，才会失去动力，感到绝望，无法坚持下去。

你是否注意到了呢？想到自己的梦想与愿望时，你心中就会再次燃起希望。不论遇到任何困难与挫折，只要怀着希望，便能泰然面对。不管胜算如何，只要有希望，就会拥有美丽的憧憬。只要你还愿意相信，黑暗里也能照见光明。

我听过一个非洲小男孩的故事，他的村庄被一群入侵者占领。他们几乎杀光了村里的人，包括小男孩的父母和其他成员。小男孩在一堆瓦砾石块下面装死，而存活下来。

小男孩带着很少的食物和水，徒步走了几百里，因为父母曾经告诉他，在村庄的河口有一个姊妹村庄，如果发生紧急情况可以逃到这个村庄。他拥有的是“希望”。他花了数个星期走路，只靠着希望和仅有的力气，他抵达了。“希望”使他坚持下去，新村庄给了小男孩一个叫作家的新房子。

原来奇迹需要的不是创造，需要的是相信。许多难民体验到难以想象的恐惧，但都抱存着某一天会得救的“希望”。因为这

个“希望”他们总算存活下来。许多罹患重症的病人从生气难过到极度沮丧，他们大半能从煎熬折磨中挺过来，因为他们怀抱着“希望”，坚持乐观战胜了病魔。

＊＊＊

我认识一个癌症病人，他想用自己最后的时间去圆他尚未实现的多个梦想，结果他居然一个一个地把那些梦想全实现了。

他说：“我真的无法想象要不是这场病，我的人生会是多么地糟糕。是它提醒了我，去做自己想做的事，去实现自己想实现的梦想。”

还有位妇女结婚快二十年了，有一天发现丈夫有外遇，且把房子全部抵押借钱。离婚后，她一度想自杀。她开始写笔记，想着自己如果此刻结束生命，还有什么没完成。后来，她在笔记上写着“我四十五岁要结束生命，在此之前，我要出六本图画书。”完成后，她的心情反而好了起来，因为她知道自己未来要走的路了。

＊＊＊

苏格兰作家斯迈尔斯如是说：“希望就像太阳，当我们走向它时，一切的负担如阴影般抛诸脑后。”

希望是比恐惧更大的力量。汶川大地震时，一位被废墟压了十天的老婆婆还活着，在她被救出后，记者采访她：“请问您是怎么创造生命奇迹？十天是不是很艰苦？”老婆婆意味深长地说：“因为我知道你们会来，我一直坚持到你们来的这一天。”是啊！要相信希望，在奇迹发生之前，千万别轻言放弃。

///

关于“希望”，最特殊的一点就是完全出自内心。

想象你把一颗种子放在土里，如果你不期待它，你会细心去照料它？你想改变，但你从未想过你将变成的模样，动机会强烈吗？你会感到兴奋吗？会感到更自信、更快乐？

人生可以没有很多东西，却唯独不能没有希望。因为有了希望，生命就充满可能。

你相信什么，就会看到什么

我觉得人很怪，就是常把注意放在一些不顺心的事上，之后又怀疑为什么老不顺心？脑子总想一些不好的事，然后又抱怨为什么发生这种事。

有人害怕另一半变心、有外遇，因此每天检查手机、计算机、衣物，每次谈话总离不开这些话题，甚至频频追问。最后发现对方果然在外头找其他对象，也就不足为奇了。

如果你时常看到新闻中交通意外频传，而过度担心小孩骑车开车，所以每次出门就送上一大串唠叨。本来孩子开心地准备出门，一听到这些就烦躁，心浮气躁之下发生意外的机会反而大增。

当我们一直抱着某些想法，即“预期会发生什么”结果也就发生了。这是很简单的道理。如果你一直想着会倒霉，你就可能碰上倒霉事，因为你一直想着它，不是吗？

* * *

有位年轻人，开车到乡下，半路上车子爆胎了，打开车厢，才发觉没有千斤顶，那里一片荒野，只有远处有户农家，在这个大热天里，他也只好心不甘、情不愿地走去借。

边走他边想“这户人家又不认识我，他可能不会把千斤顶借给我！”他越想越觉得“别人一定不会借给我，因为我的车离那么远，他一定会担心如果我借了不还，怎么办？”他不断地往坏的方向想，而且越想心情就越糟。

所以当他到达这户人家的门口时，心情已经大受影响，就不自觉地用力敲人家的门，结果对方一开门，就对他说：“你敲门怎么那么没礼貌？”

他一听心里想完了：“我早知道，我就知道，他一定不会借给我！”结果东西还没借到，就跟人吵了起来。

经常，我们总是先想象事情结果会糟透了，以至当坏事真的降临，我们就会说：“看吧！我果然预测得不错！”甚至觉得有点安慰。

＊＊＊

有个太太，每隔几个月都会做全身健检，她很怕自己得癌症。虽然每次检查都正常，但是她一直很怀疑。终于，在许多年后，检查出来她得了癌症。她用胜利的眼神看着大家，哭诉着说：“你们看吧！我早就说过了！”

你相信什么，就会看到什么。一个不幸的想法想了很多次，结果你会信以为真；一个谎言重复多遍，也会误以为真相。像有人一直对自己说：“没有人爱我。”这话说了多次之后，就要承受自我暗示的预言，于是自己也表现出一副可怜兮兮的样子，最后落得没人敢爱。

亨利·福特一定深有所感，他说：“不管你认为你行或认为你不行——你都是对的。”

成功的预期往往导致成功，成功的结果又强化了原来的乐观预期果然正确的证据，反过来说，预期失败于前，结果往往失利于后，而失败的结果又证明原来的悲观预期果然正确。这也就是为什么“乌鸦嘴”会特别灵！

///

人们所渴望的和内心真正相信的往往背道而驰。渴望得到爱，可是心里却怀疑爱；渴望年轻美丽，心里却相信自己已经老了；渴望有钱，心里想的却是——我没钱、我太穷、我付不起、我担心投资失败，甚至从来没想过自己会有钱。

试想，如果你觉得自己没有吸引力，能吸引到什么样的人？如果你认为自己没有什么价值，能期待什么样的待遇？如果你相信自己会被打败，那你已经先把自己打败了，不是吗？

专注在你想要的

假如你班上同学，其中有一个人经常批评你，他不喜欢你，你也不喜欢他，另外有几个则是跟你很合得来。每天上学，你会把焦点放在那个你讨厌的人，还是另外几个与你交好的人身上?

不管你的注意力在谁身上，那也正是你所关心，你所爱的，对吗？当然，这样说许多人可能不同意。因为你可能对敌人的注意远超过朋友。这也正是问题所在，为什么你要让自己讨厌的人成为你生活的重心?

＊＊＊

想法会随着注意力而滋长。我们对某个想法投以越多注意，这个想法就会在我们心中越显扩大，也越显重要。

我们都有过这种经验：有时候一天做了九件顺利的事，只有一件事搞砸了，便足以毁掉所有的喜悦；一件芝麻绿豆的小事，就足以破坏整天的心情。因是我们太看重做错的“那一件事”，而忽略了其他做好、做对的事。

一个人如果很挑剔，在打扫得干干净净的房间里，还会看到桌子底下的一根头发，接着会想：“看，这个地方没打扫干净。”因为眼里只有那根头发，根本看不见房间里其他干净的地方。我们的心也是如此。当你越注意某件事，它对你的影响就越大。

如果你对自己脸上的青春痘非常在意的话，只要别人盯着你的脸，你就会觉得浑身不自在。如果你老担心身体有毛病，整天疑神疑鬼，日子一久就算身体没事，心里也会生出病来。

经常，我们最讨厌、最不愿意去想的人——如仇人、敌人、分手的情人或伤害你的人，反而越常出现在脑中。对方也许只伤害过你一次，然我们却在心中一而再、再而三，反复地想着，甚至整个思绪都围绕着那个人。

你可以做个实验：仔细看着周遭，将所有咖啡色的物品记下，并确实记住这些物品，不论是深咖啡色的或浅咖啡色的。

记下来之后，请闭上你的眼睛，不能偷看，试着在脑海里回想所有你之前看到过的“蓝色”物品。看看你可以说出几项？

很多人会因此吓一跳，原来他们太专注在咖啡色的物品上，根本没注意蓝色的东西。这就是我要说的重点。你注意咖啡色，就会看到咖啡色，而忽略了其他颜色。看看一天之中你的注意力放在何处，这是个颇具启发性的练习。

人的注意力就好像一根手电筒能集中在一个特定的方向——任何你想要的方向。你可以照向天花板，那么它就显露出天花板；你也可以照向地板，它就显露出地板。如果你把光线都照向垃圾堆，那你看到的一切必然都是垃圾。

一个喜欢“挑毛病”、“找麻烦”、“抱怨问题”的人，意味着他总是把注意放在错误、找出瑕疵、寻找疏失、发现问题上——只看到乌云，却忘了整个天空，心情又怎么可能开朗？

///

心理学家汉斯·席尔（Hans Selye）提醒大家："消除心中不愉快最有效的方法，莫过于把注意力放在愉快的事物上。"

一再地想不愉快的事，并不会带给你快乐；一再地想不满的事，也不会让你满意；一再地想不幸的事，更不可能让你幸福。要记住，那些不如意，都只是你人生的一部分，千万不要让它变成人生的全部。

失去，倒过来看就对了

桌上有一个西瓜，被你吃掉一半，现在剩多少？还是一个，那半个西瓜现在在肚子里。

许多人会认为吃掉就没了，那是因为他们把焦点放在失去什么，而没看到自己得到什么。现在如果你把剩下的西瓜分享给别人，自己看似没了，却得到友谊和喜乐。不是吗？

失去其实是一种获得。随着年纪渐长不免感慨，总觉得自己失去很多，失去了年少时的热情，失去了视力和体力；但反过来看，确实也得到不少，得到了成熟的稳重，得到宽广的视野；

虽不能像以前走得又快又远，但也因此学会放慢脚步欣赏周遭的风景。

* * *

是叔本华说的吧！“人生好比刺绣，要看正面，也要看背面。”我们常会因为“拥有”而快乐，因为“失去”而悲伤，那是大家忘了倒过来看。

前阵子邻居告诉我说她的爱犬露露死了。她难过地说：“我不明白事情怎么会这样，几天前露露还活蹦乱跳，后来生病，隔天就死了。这叫我怎么接受？”

“你不妨这样想吧！”我没把握自己该怎么安慰她，于是建议她反过来想：“如果上帝有天想跟你定个君子协定：‘我打算让你拥有一只可爱、贴心又讨人喜欢的爱犬，我给你十五年，时间到了我会带它回天堂。’”她很快地回答：“嗯！我会毫不考虑就接受。”

几天后她告诉我说，她不知道这是否真是上帝的心意，但我的这番话让她释怀了：“我不该老觉得是自己失去什么，而应该要想到上天曾赐给我什么。”

有人失恋，常认为自己耽误了青春，我说倒过来看：“这些年相处，你有没有学到更多的东西，体验更多生活感受，认识更多的朋友，更能理解别人，更善于相处和沟通，更懂得表达自我感受、见识了更多的事，更善于处理状况？”

看过寻宝和探险电影的人，应该发现了，精彩的寻宝电影都有共通的结局，一群人历经千辛万苦找到了宝藏，却总是在千钧一发之际，又失去了宝藏，一切成空。可以说，最重要的一件事是追寻宝藏的过程。最后终于成空，空却不是无，而是通过了追寻与失落之后的启发。

人生不也是这样吗？也许从生病中学会自律与自爱、从身体残缺中学到思想无限自由、从财富大起大落中体会简单富足、从死亡与分离中领悟爱与珍惜……生命中有多少事情，在发生当时看来是那么惊天动地，但多年后事过境迁，你再回首前尘往事却满心欣慰地说：“感谢老天爷让这件事发生，若非如此，其他事就不会接踵而来，也不可能成就今日的我。”

引述一句泰戈尔的名言：“不要为失去太阳而流泪，否则你也将错过美丽的星空。”

///

失去，倒过来看就对了。想想看：

要不是失恋，你会跟其他的人交往吗？

要不是失业，你会走上现在这条路吗？

要不是失去那些，你会学会现在这些？

得失之间，全以你的视野而定——

如果你只看眼前，也许是失去；如果拉长时间看，反而是得到。如果你注意的是失去，你就只有失去；如果你看见的是得到，你就会真的得到。

出路在于思路

什么叫作机会？机会就是别人所无法看到的东西。

机会在那里？就在别人认为不可能的事情中。

曾读到一篇文章，感触很深。写的是当年新加坡想要发展旅游事业，但是，新加坡旅游局却没有找到合适的旅游景点。于是，就呈送一份报告给总理李光耀，大意是说：我们新加坡不像埃及有金字塔，不像中国有长城，不像日本有富士山。我们除了一年四季直射的阳光，什么名胜古迹都没有，要发展旅游，实在是巧妇难为无米之炊。

李光耀总理看过报告之后，很不高兴。

他在报告上批了一行字：你想让上帝给我们多少东西？阳光，阳光就够了。

在李光耀的建议下，新加坡利用一年四季直射的阳光，种花植草，在很短的时间里，发展成为世界著名的“花园城市”，连续多年，旅游收入居亚洲第三。

引述海明威在《老人与海》中的话：“现在不是去想你缺什么的时候，该想的是，你能以现有的东西做什么。”

* * *

某大学的学生毕业在即，有一天，教授在课堂上，突然问了学生们一个问题：“你们觉得世界上哪些地方的美食最有名？”

“法国！”一个学生举手抢答：“法国料理举世无双！”

“是日本！”另一个学生说：“日本的怀石料理简直就是艺术！”

另外还有学生说：“是中国的四川！四川料理又麻又辣，让人越吃越爱！”

“你们都说得很有道理。”教授说：“现在，请大家想一想，这些以美食著名的地方，有什么共通点？”

学生左思右想，却都答不出来。

最后，教授宣布答案：“这些地方的共通点就在于——他们都是食材缺乏的地区。”

学生们听了，议论纷纷。

教授继续解释：“以前的法国不容易吃到新鲜的海产品，所以食物才要经过腌渍、添加香料；怀石料理发源于京都，京都地处内陆，新鲜食物少，不容易取得，所以得靠精致的摆盘、装饰取胜；过去的四川也不例外，要加辣、添香，以弥补食材的不足。”

学生听了觉得很有道理，纷纷点头。

“我之所以说这件事，是希望所有同学毕业后都能记得……”教授说：“永远不要抱怨自己资源不足。因为资源不足，往往就是你们最大的资源。”

＊＊＊

如果老天爷为你关一扇门，就会为你开一扇窗。

上天给你普通的家庭，是为了让你学习自立；给你普通的头脑，是为了让你学会勤奋；给你普通的能力，是为了让你学会务实；让你受骗，是为了让你变聪明；让你受伤，是为了让你变坚强；安排敌人给你，是为了让你超越自己；让你挫败，是为了让你积累经验；断了你的去路，是为了让你看到另一条路。

罹患小儿麻痹症的小提琴家伊扎克·帕尔曼，有次他在纽约林肯中心的演奏会上，遇到了琴弦断裂的情况，但他仍面不改色地用剩下的三条弦演奏。在观众欢呼声中结束演奏的帕尔曼说：“用自己所剩的东西创造出美好的作品，正是艺术家的工作。”

这也是我想传达的。成功，不是赢在起点，而是赢在转折点。真正的成就，不在于握有一手好牌，而在于如何将一手坏牌打得可圈可点。

///

出路在哪里？出路在于思路。

一块地，不适合种麦子，可以试试种豆子，豆子大了可以拿去卖，如果卖不完，可以拿回家浇水让豆子发芽；豆芽卖不完，就让它长大些，变成豆苗；豆苗卖不完，就让它再长大些，移植到花盆里，当作盆景来卖；盆景卖不完，就再把它移植到泥土中，让它生长，它就会结出许多新豆子，从几颗豆子变成千上万颗豆子。

把 change 变成 chance

这世上没有什么是不会变的，唯一不变的，就是不停的改变。

每个人都有想要改变的地方：我们想得到更好的成绩、想找到更好的工作、想拥有更好的环境、想改变婚姻的互动、想要戒烟或戒酒、想要减重、塑身……我们想改变自己生活的梦想一直都在。

另一方面，有时候我们是被迫改变。或许你被开除、爱人离你而去、健康亮红灯、发生意外、亲人死亡或是人生方向转弯……这些事以各种不同面貌出现，逼得我们作出改变。

人是很软弱的，有时候，我们感到改变的可能性，而兴奋到真的想去做。但是等到过了兴头，我们又再度回到原点。

人也是胆怯的，我们一直寻求安全感，喜欢待在安全区之内。不幸的是，这反而成了禁锢我们的牢笼。结果呢，我们就一直待在自己厌恶的工作岗位上，窝在我们不喜欢的地方，纠缠在对自己有害的关系中，保留一堆坏习性，照常抽烟、喝酒，让自己陷入迷醉或沮丧之中。

当然，改变对任何人来说都不容易。之所以困难，就是因为只看到外在的变化，却忽略内在的转变。举个例子说：你失业或分手了，这对你无疑是个大变化，但如果与此同时，你的内心不在渴望什么新发展，那么你所面临的，将是一场灾难。相反地，假如你原本就渴望有新发展，这变化就是转变的契机。

分享知名企业家李嘉诚说的一段话，很有意思："鸡蛋从外打破是食物，从内打破是生命。人生亦是，从外打破是压力，从内打破是成长。如果你等待别人从外打破你，那么你注定成为别人的食物，如果能让自己从内打破，那么发现自己的成长相当于一种重生。"

我不知道你的生活有什么改变，但我知道任何变化都会带来不安。因为所有改变都是具有破坏性的，即使是好的改变亦然。人生会走向新局面或退缩，关键就在此时。

一位女企业家，回忆起过去，当她谈到造成她婚变的第三者时，她说："有时还应该感谢她，若不是她的出现，我的婚姻仍停留在一滩死水的状态，现在我就不可能离开他，更不可能自己创业。"

有位视酒如命的病人，在一场意外后脱胎换骨，他告诉我："若不是那场意外，我一定还是老样子。"

还有位杰出的直销商说："如果我没被解雇，或许永远不会知道这个事业。以前我拥有稳定收入……我一直以为自己就此终老一生：现在我相信，上帝有时候会刻意拦住前面的路，让我们转换方向。"

* * *

在著名动漫《海贼王》的剧情中，草帽鲁夫一行人在夏波蒂诸岛遭受惨败，分散到世界各地。两年后重新聚集，实力得到了惊人的提升。危机也可以成为转机，就看我们如何面对。

我这辈子在面对改变所产生的负面影响上面花了很多时间，而生命中的重大转变，是学会了面临改变时，怀抱希望。这些年来我有很深的体会，在失去某些东西后，就会有更好的事物进入我的生命中。

英国作家D·H·劳伦斯说：“我们正在改变——我们必须改变，我们不得不改变，就像时序入秋，叶子不得不变黄，然后凋落。”

改变就是机会。放掉枯黄的叶子，新的嫩芽才能冒出来。试着换掉change中的一个字母，就变成chance了。

/ / /

一只毛虫怎么样才能跨过一条大河？是该更拼命地蠕动吗？当然不是，是“先”化茧成蝶。

转变真正的重点，不是外在的改变，而是内在——想要以新的视角看待问题，你必须“先”放弃原来的观点；想要以新的方式处理问题，你必须“先”放下现在的方式；想要拥有你所没有的，你必须“先”去做你没有做过的事。

想要变成一个不同的人，你必须从心底“先”放下原来的自己，然后才能创造一个全新的你。

CHAPTER 4

全心专注，享受人生的不完美

借由战胜一切障碍与阻力的决心，人终将抵达他所选择的目标或目的地。

——哥伦布

苦乐都照单全收，只为不想错过

人来到世上的目的是什么？每当这么问，得到的回答不外达成什么目标、到达某个地方、建立某些关系、完成某些梦想……

有人说：我的人生目的就是追求快乐。而当快乐抓不到的时候，我们就觉得失望沮丧；更何况快乐出现了，也不一定会长久。

也有人说：人生就是与爱人长相厮守。如果你们在一起，人生就没有其他目的了吗？如果关系不如预期，或是以分离收场，你的人生是不是就毁了？

还有人说：人生目的就是成功发达、赚大钱。我所有的一切努力就是为了这个。然而如果你功成名就，赚到了钱，难道就不会空虚，觉得突然之间失去人生目标？更惨的是，要是没发达或发财，是不是一生就白活了？

其实大家都搞错了，人生最重要的一件事，就是来体验人生。

是的，人活的是一个过程。要不然，明知都要死，为什么还活着？

环顾四周，你看到的每一个人就像你一样，寻寻觅觅，想抓住这个，想拥有那个。然而，到头来当我们咽下最后一口气时，所有恋恋不舍的事物都将被剥夺，包括我们的朋友、家人、房子、所有一切，甚至我们的身体。

很多人在临死前，常会对自己的一生感到莫大的追悔，觉得白活了，如果能重新开始，他一定过“完全不一样”的生活。因为他们错过了，错过了体验、错过了欣赏、错过了欢乐、错过了所有……生命怎么就这样结束了，这是多么悲哀啊！

想象一下，你走进一辈子只能进去一次的游乐场，你打算怎么度过？是不是会玩遍每一项游乐设施，无论刺激还是平淡，都是一种有趣的经历；要尝遍每一种特色小吃，无论味道是酸还是辣，都是新鲜的体验……夕阳西下，离开游乐场的时候，你没有遗憾，因为你已经尝试了各种体验。

* * *

一个人的生命圆满与否，就在他是否体验这一切——悲、欢、离、合；酸、甜、苦、辣；生、老、病、死，和所有的不如意。

美国女作家伊迪丝·华顿曾这么描述法国人：“他们并不害怕人类世界所有的感情，无论快乐喜悦或是狂喜愤怒……法国人没有逃避生命的这种想法。就算可以，他们也不会试着这么做。他们把生命当作一份伟大的礼物，因此他们已经准备好日子、坏日子都照单全收，而不错过黄金年代的任何一天。”

我推崇这种“法式人生观”——苦乐都照单全收，只为不想错过。

我希望自己在临终时能大声说：“太好了！我想做的事都做了，甚至还更多。”我说的不只是环游世界或功成名就这种事。我希望自己尽管害怕，还是愿意冒险，还是承担起责任，还是让自己再度挑战。唯有走过经历过了，那才叫人生。

///

这样想吧：如果我们整个人生，没有经历过迷惘、挫败和悲苦的话，你能说自己曾经活过吗?

没走过的是陌路，走过的是人生。当你避开爬山的辛苦，也错过登山的乐趣；没有品尝过痛苦，就无法体会苦尽甘来的滋味。

生活有酸有甜，才有体会；心情有悲有喜，才会丰富；日子有阴有晴，才叫自然；生命有苦有乐，才是人生。你唯一要做的就是尽情地体验。

学习柔软的心

人生其实可以很简单，只要认清什么事情是可以改变的，什么是不能改变的就可以了。我们要做的是：改变能改变的，接受不能改变的。

举例来说：你一生下来便是这个容貌，这是不能改变的，但你可以改变你的表情；家人朋友遭遇挫折，你无能为力，但你可以陪伴，让他知道旁边有人，需要人陪伴的时候他可以找谁。

人的一生中，有太多的事情，都不可能完全如我们所愿，也许事情并不符合预期、婚姻没有想象中美好、工作迟迟升迁不了、病况越来越严重……很显然地，如果你不接受，就会产生许多痛苦与烦恼。因为事实并不会改变，对吗？

如果我眼睛很小，嘴巴很大，我接受这个事实，就不会为此烦闷。反之，如果我不愿接受，那会怎么样？我的期望必会带来挫折，抗拒只会陷入沮丧。

接受就是顺服于既成的事实，这并不是认命，也不是妥协，而是看清现状，当你学会接受事实，才能专注可以改变的事情。

我很喜欢大卫王的故事（《圣经·旧约》的列王记）。当拔示巴生第一胎时，孩子生命垂危。大卫悲叹呻吟，他扯自己头发，日夜不停地祈祷。最后他听见了仆人耳语，他们不敢告诉大卫孩子已经死了。大卫却说："当孩子仍活着的时候，我还能希望上苍垂怜，但如今我必须接受事实。"于是他就沐浴进食，而且还去安慰太太。一年后拔示巴又为他生了个儿子，取名叫所罗门。

* * *

认清"什么是可以改变"与"什么是不能改变"的区别。

你能改变天气吗？你能改变路况吗？你能改变别人的个性吗？你的婚姻、孩子、健康、事业、人际关系，都是按你的期待发生的吗？在工作上你可以决定晋升吗？在投资上你可以保证获利吗？你能让事情都跟想的一样吗？你能改变生死吗？

那是不可能的，这些都是我们无法控制的事。如果我们耗费时间和精力在自己无法改变的事情，我们只会变得更无助、更无力。

那我们能改变什么？我们能改变的就是自己。包括我们的态度、选择，以及如何看待发生在自己身上的事情。说得更简单一点，我们能改变的就是对事情的反应。

我们需要学习柔软的心——能屈能伸的树木才能抵得过狂风，这就是接受的艺术。

///

有学生问希腊哲学家爱比克泰德，怎么过好生活。爱比克泰德说："不要企图让事情照你希望的那样去发生，而要努力按事情发生的方式去希望，这样你才能一帆风顺。"

有学生问爱比克泰德，怎么成为智者。他说："不为自己没有的东西悲伤，而要为自己拥有的东西喜悦，这才是智者。"

美好人生并不是把我们的人生变完美，而是学会接受人生的不完美。

你的心就是快乐的源头

林肯说过：“乐由心生”。快乐是一种感觉，一种如人饮水，冷暖自知的感觉。

我们都知道，如果突然听到家人生病的消息，即使身在浪漫邮轮上度假也会忧心忡忡。但是如果知道辛苦培养的孩子考上第一志愿，一家人即使住在货柜屋里也会兴高采烈。快乐，不是因为你拥有什么，而是因为你的内心感觉到什么。

快乐也不是某人带给你的。你应该见过伴侣和孩子都很好，却自寻烦恼的人；你应该也听过有人家庭破碎，却仍乐观开朗。

快乐跟收入有关吗？有些人很有钱，却满足不了自己的欲望，而有些人没什么钱却很满足。生活丰衣足食，生命不见得平安喜乐；平安喜乐的人，生活不见得丰衣足食。快乐都取决于我们的内心。

你或许拥有一卡车名牌包，但是你能够将它们带到心里去填补不满吗？得到升迁或考上名校就会让你的人生完美吗？买一部名车或一栋别墅会让你平安喜乐吗？

这是不可能的。有钱可以买新车，可以雇用司机，但是坐在车里的还是同样的你。如果你内心不满，就算住在豪宅你也不会满意的，因为要去住在那里的人是谁？在“豪宅抱怨”和在“货柜屋抱怨”，这两者有什么不同吗？

不满是从内在感觉到。检视你从小到大，你要东要西，但你可曾满足？还是不久之后你又觉得好像少了点什么？加薪、聚餐、买新衣、得到某人赞美，都曾让我们雀跃不已，但迟早我们的内心还是会回到原点。一个有领悟的人就可以看出，这样的快乐说穿了都是外在感官和欲望的满足，那都是短暂的。

没有什么终得圆满的，除非你的心中感到圆满。同样，无论你赚了多少钱，又实现了多少梦想，除非你能知足，并对现在的你感到满意，否则快乐是不长久的。

* * *

美国作家罗杰斯所言甚是：“大部分人在下定决心快乐的那一刻，可能就是他感到最快乐的时候。”

快乐是一种选择，一种决定，如果你赚了一百万就会快乐，其实并不是一百万使你快乐，而是“那个快乐的决定”让你快乐，因为并不是所有赚一百万的人都如此快乐。

请记住，你自己就是自己快乐的理由。养成知足常乐的心境吧，很简单。你不必去拥有，只要学会感受。当你进入一座花园，你不需要在意这属于谁，你要做的只是欣赏这美丽的花园——这花园带给你的美好，难道不是跟花园的主人一样吗？真正的快乐是免费的。沿途青青的草地、美丽芬芳的花草、开阔的田野、壮丽的山林、潺潺的小溪、夕阳洒下的余辉……放慢脚步去感受，这些美好都会留在你心中。

即使世事不能尽如人意，也不要把责任推卸。所有外面那些，都不能真的让你不快乐。只要你决定要快乐，没有人能够夺走它。外在发生的任何事，都只是一件由你来定义的事，不会真的有能力夺走你的快乐。

///

也许你认为要拥有什么才快乐，请静下来想想：“这些东西真能带来快乐吗？”你可以检视内心，“快乐到底从何而来？”是你的内心，对吗？当然啦，要感受快乐，也不一定要拥有什么。就像小孩一无所有，一样可以很快乐。

也许你对自己的成就感到快乐，你可以静下来想想：“这快乐是怎么来的？”当你所企望的目标终于达到的时候，是谁要你快乐的呢？也是你自己，不是吗？

快乐是你自己决定要快乐起来的结果，仅此而已，就这么简单。快乐的人即使有时也会遇到挫折和问题，但他们仍旧能保持愉快的心情。

敞开心胸、感受幸福、知足就能常乐！

清楚地知道自己“要什么”

太多人不知道自己真正要什么，总看别人有什么，广告宣传什么让自己心动的事物，于是把这种社会价值当自我价值。例如：买名车、名牌包、窈窕身材、当明星艺人、嫁入豪门、住豪宅、开民宿……想拥有这些本身并没有错，事实上，能得到它们是很棒的，没有必要排斥。但是，我们都应该要仔细观察自己的心，看看这些东西是不是真的能给自己带来快乐，还是会让自己有更多的烦恼？

英国作家王尔德的经典名言：“人生只有两种悲剧，第一种是得不到你所要的。”这当然是悲剧了；他接着说：“第二种悲剧是得到你所要的。”这怎么也是悲剧呢？因为得到之后才发现自己搞错了，跟原来想的不一样。

你费尽心力想出人头地，为什么？是不是你曾听人们谈论如何赚更多钱，或者拥有更高的职位，然后就可以随心所欲，过着自己想要的生活。但事实真是这样吗？你争名夺利、赶在别人前头，真的“随心所欲”吗？当你汲汲营营于追求，是否发现自己失去了什么？

人们越来越不快乐，正是犯了本质上的错误——想要的太多，却忘了内心的需要。

如果不去观察心，当心产生欲望后，我们就不停地为它忙碌：职位升迁、销售业绩、收入的数字、流行的商品……我们变得太过执迷于欲望的追求，把努力的焦点、时间精力全放在这里，于是产生竞争之心，目光视野就会变得狭隘，在世俗的旋涡中越陷越深，欢乐的影像也越来越模糊。

从一开始就被误导了。我们不能从恶梦中追求快乐，而必须从恶梦中醒来。

* * *

安东尼·明格拉导演，曾以一部电影《英国病人》获得九项奥斯卡奖提名；他说在执导影片里的一幕的情况就像是“如果你不知道自己要的是什么，那什么也拍不到”。其实，我们每个人都是“我的人生”这部戏的导演兼演员，做任何事我们都要向内问自己：“我要的是什么？”或反问：“这是我要的吗？”

一位朋友忙着赚钱，他说：等他赚够钱，要到清境农场盖民宿。

我告诉他：你必须清楚地认清自己是想到那里生活，还是赚钱？

如果你是去享受生活，你才能体会那里的美；如果你想要赚钱，当你把一枚硬币放得太近就会遮蔽所有视野。

你或许可以得到想要的东西，但不可能得到想要的一切。因此，你必须很清楚地知道自己到底“要什么”。一个不清楚自己要什么的人，就得不到自己想要的。

///

想过吗？当你快乐时，又怎么会有这么多的欲望？当你有那么多欲望时，又如何能快乐呢？

回顾以前，那时候的人生活贫穷，但过得却比较快乐。很多人都说自己最幸福的时光是小时候，为什么？那是因为当时我们想要的东西很少。

如果你懂得去欣赏，去感激拥有的一切，那你真的不需要什么，就可以过得很美满——一个笑脸可以是快乐的理由，一首歌可以是欢喜的原因，一杯冰水也可以成为幸福的体验。

一定要享受过程

我们的社会常常以结果为导向，环顾四周，你会发现我们身边有很多这样想法的人：总以为现在努力赚钱，以后才能好好享受。他们日复一日地工作，不敢有丝毫放松，以致生活压力重重、终年奔波劳苦。

也常听到有人因为达不到自己的人生目标而懊恼，像是没考上理想学校、没得到想要的职位、得不到心爱的人……严重一点的，还会为此抑郁寡欢，得忧郁症。听多了，不免感慨，是否我们都太执着于目标了。

其实人生大半都是过程，过程不开心，人生大半很难开心。如同爬山时老望着山顶，就看不到脚边的花花草草。

记得有一天，我准备带儿子去公园玩。去的路上，儿子看蜗牛看到出神，站在原地不动了，我忍不住催他走快一点。

但仔细思考就发现，去公园并不是我原本的目的，真正的目的是带儿子玩得开心。太急迫匆忙已让我偏离了原本的目的。

我常引用一句话：“生命的重点在于过程，而不在结果。”年轻时，觉得这只是句名言；现在再回过头去看，才觉得这些话的意义远比我们想象得要重要。例如：因为你深爱某人，所以有了写情书的创作欲，遇到对方的各种反应，也会衍生各种千回百转的情绪，从这个过程的历练，变得更成熟。

相反地，如果你把结果看成一切，甚至觉得爱情若没有顺利开花结果，就是浪费青春，那么，你失去的不只是一段情感，而那段关系所赐给你的礼物也一并失去。

就像栽种水果的人，如果他栽种的目的是为了收成和买卖，他就会希望自己的水果比别人大、比别人多，那么这种欲望将会使他失去快乐。因为他会变得患得患失；相反，如果他能真真切地感受泥土的芬芳、享受阳光的温暖、倾听婉转动人的虫鸣鸟叫，那么他就完全能享受田园之乐。

年轻时，我把大部分时间都花在等待“终点”。在学校，我等不及下课；上班时，等不及结束手边的工作；星期一，等不及周末；出去度假时，迫不及待地想要抵达目的地；有了孩子，又希望孩子能快快长大。然后有一天我发现，自己把大部分的生命都花在等待某件事的发生与结束，而不是享受过程。我甚至不知道自己正度过人生之中最甜、最美的一段。

现在我的孩子已经长大了，我觉得他们仿佛昨天还坐我的腿上，听我讲故事，时间过得好快，真希望能回到过去那些时光。

约翰·列农的肺腑之言：“在你忙得不可开交，无暇思及人生问题之际，人生便悄悄地从你身边流逝。”人生其实是由许多匆匆流逝的经验组成的，我们只要回顾过去五至十年的时光就可以明白这个道理。有位九十岁老人回忆过往，他告诉我：一开始，日子会缓慢滚动，多数人对时间消逝没感觉，心想：“当我六七十岁时，怎样怎样……”但你很快就会到达那里，相信我，即使我已活到九十岁，那也是如此之快，快到我来不及享受，快到我不知道它已经发生了。

所以，不要再延缓要过的生活，不要说将来有一天我想过的日子会来临，现在就踏实地享受，因为生命是不等人的。

有位病人近几年饱受疾病之苦。她有了深刻的体悟：这些日子我大都在对抗病魔。一旦身体出了问题，每个日子都会变得更重要，因为你不知道明天会怎样。在心脏病突发两三次之后，我深深地明白了这个道理。尽可能享受每一天，未来谁也不敢去保证。真的，要做什么现在就快去做吧！

她是对的。许多人一直在预约幸运、想象幸福，最后却无法真正地享受幸福。

生命是一趟旅程，它并没有最终的目的地，如果有的话，那就是墓地，因此，在到达那儿之前，别忘了让自己闻闻沿路的花香。

/ / /

想象一下：有两个孩子搭车到动物园玩，但要坐几个小时的车才能到达目的地。其中一个小孩只想尽速到达动物园。一路上他都处于烦躁状态，每隔几分钟便抱怨："还没到吗？""好无聊？""还要多久？"另一个孩子也想尽速到达，但他沿途说笑欢唱。他望向窗外：原野上有好多牛羊；惊喜地发现火车轰然开过；对着友善的行人挥手。

请问：你认为哪个孩子的旅程较美好？万一车子在半路抛锚，他们到不了动物园，哪个孩子的旅程较丰富？

不管你现在在哪里，好好欣赏所在的地方，而不要一心想着还没到的地方。

生活也需要有点变化

到欧洲旅游，常看到悠闲的画面。人们叫了一杯饮料，就可以在露天街道泡上一整天，有的闭目养神，有的翻阅杂志，有的一面聊天一面享受日光浴。

一位朋友到巴黎乡下旅行，有一天下午，他想到商店买些东西，却发现这里的商店门都关上，后来问过当地人才知道，原来他们去享受下午茶了。

人都需要休息，生活也需要有点变化。任何人都会对自己对生活与工作日久生厌，即使不是厌倦也会有平淡无味之感。家庭主妇深爱着子女，但是有时也该暂离孩子让自己休息，好让自己像个女人，而非女佣；沉迷工作的男人，也别做个不停，就算是美国总统，也会到戴维营度假，而且一待就是整个星期。

或许你没办法控制自己的工作量。即便如此，还是有很多方法可以简化你的生活，也许你不需要出那么多差、揽那么多工作，甚至不需要赚那么多钱。也许你不需要答应这么多事，不需要一直看电视，或挂在网络上。你更不需要等待一切问题都解决，等待那颗欲求的心被填满，毕竟你的时间本来就是你的，不是吗？

我偶尔会设法放下工作离开几天。每隔一段时间，我便感觉到这种需要，让自己远离尘嚣，到外地漫游。一如在高速公路上连开了好几个小时，想改道开到朴质的乡野小径，暂时跳脱千篇一律的生活，让这趟旅程更加美好、愉悦。

你当然不一定要开一大段路或花一大笔钱才能有这种体会。只要懂得生活情趣，不论在什么地点，即使是喝茶、喝咖啡、饮食、听音乐都是一种细致的品味。

早晨醒来，你可以选一些节奏轻快悦耳的曲子。如西贝柳斯的《芬兰颂》、李斯特的《匈牙利狂想曲》第二乐章及肖邦的钢琴曲《波兰舞曲》和《马厝卡舞曲》。

心情烦躁时，听贝多芬的《田园》交响曲或是德彪西最具代表性的作品《牧神的午后前奏曲》，让心中的不安骚动，随着牧神的笛音，进入仙女的世界。冲杯咖啡，配上维瓦尔第的《四季》协奏曲，则是舒缓紧绷心弦的良方。

在寂静的夜晚，关掉灯，燃上烛，陶醉在舒曼《梦幻曲》或贝多芬的《月光曲》里，就能体会诗人惠特曼说的“让心飘荡，唤回灵魂”是什么感觉。

* * *

我平常喜欢泡茶，喜欢看茶叶泡开，那绽放的绿意缓缓、烟雾袅袅，幻化成有如画里山水的古典温厚；细品茶汤的清香，有时似乎还可以闻到嫩叶泥土的气息，甚至连阳光的温热都存含于斯，好像喝下这杯茶，连孕生那片土地的人文滋味也啜饮下去了。

只要时间许可，我也会下厨。我会邀太太一起到市场去买菜、挑菜、配菜。整个做菜过程的乐趣，以及那种贴近生活的感觉，才是最原味的。

你可以在超市买到配好、切好的原料，但那样做出来的菜一点个性都没有。饮食不仅止于吃喝的行为，而是个人品味的表现，也是创作的延伸。品味的关键不在钱的多寡，而在时间与心境。

想起张潮在《幽梦影》书中论闲说："人莫乐于闲，非无所事事之谓也。"闲能读书、赏乐，闲能游名胜，闲能品茗，闲能交益友，闲能安适情绪。人生之乐，莫过于此。

把重担卸下来，就有闲情。何必急于一朝，争于一时？忙中偷个闲，在斜照夕阳中泡一壶茶，躺在草地上晒太阳……心情放开了，人间何处不逍遥！

///

所谓时间管理，不是把时间表排得满满的，或是做越多事越好，而是要让自己轻松自在地支配时间，那样才对。一个每分每秒都不浪费的人，不可能成为时间的主人，反而在不知不觉中成了时间的奴隶。

人生就像溜冰，要直线加速并不是难事，但是要溜得好，就必须学会转弯和刹车。

回到当下这一刻

有没有停下来想过，一天当中有多少时间，你处在身心合一、活在当下？比方说，当你吃东西的时候，有多少时间是真正在品尝食物的味道和享受它的香气呢？又有多少时间，你的注意力是放在看电视、看报纸或读杂志、做白日梦或与别人交谈呢？当你要睡觉时，又有多少时间在想白天未解决与尚未发生的事？

试着自我观察，常常你身体在做一件事情时，你的心会到处游荡，你开车的时候，可能脑中一直想着方才路上看到或听到的事。有时你一心多用，你听着音乐，心里同时盘算一个重要的计划。

你没有好好开车，也没有好好听音乐，也没有好好地计划。甚至开车到了目的地，却忘了自己一路是怎么开来的。

大多数时候，不论你在做些什么，这样的状态一再发生，不是吗？

人的心不在，就不可能活在当下，而不在当下，基本上就没有真正在活。

你常常经过一棵树，只是经过而已；傍晚美丽的晚霞，你因匆忙而无暇留意；路旁最近开了一朵花，你没停下来欣赏，不久花就谢了。人生也是如此。你感觉不到青春正在消逝，但你的青春已经消逝。生命中有许多美好就这么错过了。

心慢下来，生活才会慢下来。以前身兼数职忙得不可开交，我也曾自问："我到底是在做什么？"也曾怀疑："我一定得这么忙碌地生活吗？"不过我马上便明白了，并非我生活忙碌，而是我的内心忙碌；并非事情烦杂，而是我的内心烦躁，是要做这要做那的急躁想法让自己心烦。

要如何把心放慢？方法只有一个：要以此刻为重。当你不再老是想着必须要做什么，而用心去过每一刻时，无论你在做什么，都不可能感到匆忙。

如何活在当下？答案只有一个：让自己身心合一。你唯一能确知的事情就是，你在这里，不管这里究竟是何处。从今以后，只要你的注意力开始飘到别的地方去，就马上回来，将你的动作和念头连在一起，即是活在当下。

现在，到处走一走，在住家附近走动走动，步伐放慢，但要有意识地走。看看你的周遭，让眼睛落在你的目光所及之处。如果你刚好看到夕阳，在那当下，你只是单纯地与夕阳同在，观赏光影和色彩在云朵天际间的变化万千，感受眼前的景象。

如果你跟孩子或伴侣打电话，别匆匆忙忙地同时讲电话、滑手机或看电视。试着全然地投入此时此刻，真正地聆听对方说话，凝视彼此的眼神，感情就会有交流。

假如你正驾车去赴一个约，而且已经迟到了。那么，让你的脑子转到不久后，想象你到达时可能会发生的所有不好的事情，并不会使你早一点抵达。只要学习将注意力拉回此刻——专心开车，你会发现心情放松许多。

假如你能够在面对日常琐事时，都维持人在心在，你会发现自己更享受做事的过程。慢慢地吃东西，一口一口地喝茶，你才能领略其中滋味；慢慢地走路，慢慢地呼吸，你会发现心也跟着慢下来。当一切都放慢下来，就能对自己和生活产生更多的洞察与感知。

诗人高恩曾如此吟诵：

往下走的时候我看到了，

往上爬时不曾看见的那朵花。

脚步放慢，为的就是看到当初飞奔而上时未曾看到的“那朵花”。

前阵子我到福寿山农场，清晨特意早起，漫步于幽静小径，沉醉于朦胧的晨曦中，感受沁人心脾的凉风，耳边不时传来嘹亮悦耳的鸟鸣声。抬头远眺，水汽弥漫着山谷，远处一道曙光乍现，仿佛仙境般，心中顿时浮现一片宁静祥和，不由地合上眼睛，待回过神来，抬头一看，一只金翼白眉就在眼前的树枝上，只见它毫无畏怯地看着我，那么可爱优雅，让我惊喜不已。回木屋时，太太告诉我：“它是特地飞来给你看的！”我一直记得她所说的，它是特地飞来给我看的。

是啊！当我们慢下来，晨曦、鸟儿、花朵都为我们存在，如果我们连一刻都不能停下来，即使有最美的风景，又有何用？

///

印象派画家莫奈提醒我们，“不要去看事物的表面，而要深入事物的深处。”我们看不见某个事物的美好之处时，并非不存在，而是我们没有投入与融入。

下次出门的时候，记得停下脚步，专心地看看这个世界。多留意大自然的鸟儿、蔚蓝的天空和翠绿的草地。去感受草地，脱下你的鞋袜，赤脚走在草地上，将注意力集中在你的脚底，是否感觉到了什么?

看到一棵树，把双手放在树上，完全去感受它。除了你的手之外，什么都别想。将注意力集中在手上，看看手感受到了什么。接着，把焦点放在你的嗅觉，闻一闻那棵树，在你闻它的气味时，同时继续触摸它，你将会对树产生前所未有的体验。

仅仅是投入更多的专注在孩子的笑声或鸟的叫声上面，跟它们一样愉悦，都会让你耳目一新。

专注现在做的事

人类的心灵有一半的时间都是飘移不定的。人们花很多时间思索不是当下正在发生的事情，凝思于过去发生的事情、未来可能发生的事情、或者根本不会发生的事情，这也是人们经常不快乐的原因。

每当你心情不好时，你的心要不是回到过去，就是想到未来，但绝不会在此时此刻。不信你可以试试看，对过去淡然以对，对未来漠不关心，然后再痛苦看看，那是不可能的。你无法痛苦，你办不到的。如果你活在当下，不去想以前，不去想未来的事，

你怎么可能不快乐呢？

曾读到一则故事：有一对恋人，他们彼此相爱。

他们最幸福的时刻，就是一起编织着未来。他总是幻想着将来要住什么样的房子，她则想象以后要生几个孩子。

他们最不幸的时刻，就是一起清算着过去。他嫉妒她从前的每个男朋友，她则痛恨他过往的花心——即使那些人、那些事，都是发生在他们相识之前。

最后，他们分开了。直到很多年后，他们才恍惚明白这段恋情之所以失败的原因——他们的感情，被“未来”和“过去”占满，以致没有时间，去好好地过“现在”。

去瞧瞧你的心，看看你花多少时间在过去，你的悲伤、怨恨、内疚和遗憾，不都是过去的事吗？而你所担心、焦虑、恐惧和烦恼不都是一些尚未到来，或者是不会发生的事？这不是庸人自扰吗？

过去已经过去，未来尚未到来。你唯一能够感到快乐的时候就是现在。

为什么你要将快乐期待在未来？你认为明天就会更好吗？不，当明天到来的时候，它又成了今天，一千个、一万个明天也是今天，它们都会以今天到来。如果你希望未来会更好，现在就应该先好起来。

＊＊＊

人们常问：怎样才能脱离负面情绪？我说，脱离的方法就是专注当下。例如：一个焦虑的人白天工作时一直想着下班，由于不专心，手上的事情处理得很慢，却又担心做不完，于是造成全身肌肉紧绷酸痛，晚上该睡觉时又担心白天的工作，导致失眠，就这样一直恶性循环。

为什么要专注？因为当你专注的时候，当你彻底体验一件事时，你是无法思考的，当下只有活生生的体验，那么现在会有任何事发生吗？就像你现在正专注地读这本书，如果是的话，你就不可能想到过去与未来。如果你在这一刻全然专注，烦恼就进不来。

禅，最重要的是专注当下。在心理治疗中，最强调的也是专注此刻。你可以随时用“此刻”这两个字提醒自己，专注在现在所做的事，“此刻，我正在散步……此刻，我正在和朋友聊天……此刻，我正在睡觉……此刻，我正在读书……”

心烦的时候，我习惯去读一本小说或整理抽屉，通常等回过神来，才赫然发现已经过了几个小时，整个人也放松下来了，你可以试试！

///

禅师铃木俊隆说："最重要的是，要记得什么是最重要的事。"你现在正在做的事，就是你生命中最重要的事，这必须变成你的人生态度，变成你的生活方式，无论你是在上课、上班、吃饭、聊天或是睡觉。

当你全神贯注于手上的事，就不会想着下一件事，或挂念刚才做的事，也不会耽搁或担心还没做的事，你就可以从繁杂的事务中解脱出来。

CHAPTER 5

达成你想在世上看到的改变

若是我们所做的与所相信的相违，
那么我们就绝不可能幸福。

——弗雷娅·史塔克

宁取快乐，而舍是非

如果没有意外，亲人通常是我们最亲近的人，然而，让我们感到压力最大，彼此伤害最多的，往往也是我们的亲人。我们可以原谅别人的错，但对亲人的错却会耿耿于怀。

有多少次，我们和亲人吵架时严词批判对方，做出厌恶或轻蔑的样子；又有多少次，我们会要配偶、子女或父母为犯过的错误不断地付出代价？只要我们又想起这个错误，就会责怪对方，然后要他们为同样的错误再次付出代价。怪不得有人说：如果你想折磨一个人，那就让他成为你的家人。

为什么最爱的人感到的压力最大？彼此伤害最深？

关键在我们对亲人的期望过高。因为我们认为越亲近的人越会相互理解和支持："别人不理解我也就罢了，怎么你也不理解我呢？别人不懂得配合我支持我就罢了，怎么你也不懂得呢？"许多怨怼不平也由此而生。同理，面对亲人的要求和期望，因为我们很在乎，不希望他们失望、不开心，自然感受到的压力更大。

其次，多数人面对冲突或相处得不悦，都有根深蒂固的习惯，这些习惯通常源于家庭传统，模仿父母之间或父母与他人的互动。最常见的戏码就是各不相让的口头拳击赛。"你东西又到处乱放"、"你整天只会看电视、滑手机"、"你都没问过我，你太自私了"。这类批评一出口，被冒犯的一方便不甘示弱地反击。

我曾问过他们，"如果你们都停止批评对方，不再对彼此颐指气使，你们的生活会变成什么样子？"听到这提议的人常会露出怀疑的表情，仿佛我刚刚是叫他们从此不要吃饭或刷牙。我难道没有权利为自己辩吗？如果不去指出对方的错误，他就会继续这样，东西乱放，家里陷入一团乱。

家里吵吵闹闹不是更乱吗？不断争吵，只会影响生活质量和彼此的感情。如果你希望把账算清楚，建议你先问问自己："到最后，我要的是什么？我希望对方感受到我的不开心吗？如果我反击让他不开心，对我有什么好处？我真的会觉得开心吗？"

著名的电视心理治疗师费尔先生，他告诉所有来进行婚姻咨询的伴侣们，每对已婚夫妻迟早都要决定："我想要的是对，还是想要快乐？"他很难过也很惊讶地发现，大多数人都选择坚持自己是对的，也因此鲜少感到快乐。然后在最后，他会问那个当头棒喝的问题来让来宾深切反思："那能让你获得什么？"

爱是能弯腰，也能低头。弯腰和低头并不是因为我错了，而是因为彼此的感情。对错与否，反而不重要。

想起一则故事，描述两个小孩在沙地玩耍的情景。一个孩子生气了，大吼大叫丢下他的玩具卡车跑开，等他跑到旁边的秋千时，转过身来对玩伴咆哮："我恨死你了，再也不要跟你讲话！"大约十分钟过后，他们开始丢球玩，开怀大笑。他们的父母观察到这样的互动，其中一位父亲摇摇头，既佩服又惊讶地跟另一位父亲说："孩子是怎么做到？他们能这一分钟吵翻天，下一分钟又相处得如此融洽？"

“很简单，”另一位父亲解释，“他们宁取快乐，而舍是非。”

我喜欢这则故事所引喻的——讨回来或是扯平，都没有快乐来得重要，更没有彼此的感情来得重要。

学学孩子吧！不计较谁是谁非，又哪来那么多是非？

/ / /

你有没有过这种经历？你跟人争辩，最后你赢了，但你并不觉得高兴，反而觉得低落。有人批评你，你还以颜色，你的心情非但不快乐，反而觉得更糟。

你脑海中一再重演刚刚说过的话，并试图为自己的行为辩解。“是他不对，是他先对我这样……所以，我才那样。”但内心还是有种不安的感觉。怎么回事？

其实，这是因为你违反了自己的爱和良善。你不想打击、不想伤害对方，明白吗？只有回到爱和良善，才会心安理得。

只要顺其本性

你知道与人相处什么最难吗？

想改变人最难。难道你没发现？几乎每个妻子都想改变丈夫，丈夫也想改变妻子，父母想改变子女，子女也想改变父母；还有些人想改变朋友或婆媳，结果呢？正如尼采讲的，一心要除魔的人最易着魔——你越想改变别人，关系往往越糟。

* * *

有位父亲感触很深，他说：把孩子拉拔长大的那几年，我真是吃足了苦头，我的人生很少碰到过像那段期间一样，带给我这么多焦虑和沮丧。我以为只要自己做了“正确”的事，像是要他们读书，学才艺，教他们做人处世，而且要求他们依循我的生活准则，孩子们就会自然接受跟我一样的想法和价值观。

我那种一厢情愿的做法没有考虑到孩子的意愿。我四个孩子中三个接连出现叛逆的情况，我怀疑自己到底做错了什么？

事实上，每个人都依照自己的本性，你也依照自己的本性，这并没有什么不对，错在你想对方变成你要的样子。作家乔·卡巴金说过一则故事：

有位旅人来到希腊小岛，看到一位小男孩用尽千方百计，只为了让驴子移动一步。男孩小心翼翼把生鲜蔬菜装入驴子的驮篮里，打算运走，但是驴子不为所动，四个蹄子稳健地踩在地上。

祖父听到骚动，走到屋外，瞥见这熟悉的景象，立即明白了症结。他轻轻拿过孙子手中的绳子，微笑着说：“等它有心情时，试试这个方法。像这样轻松握着缰绳，然后紧贴它旁边站着，往前注视你要去的方向路线，耐心等着。”

男孩遵照祖父的吩咐，结果不一会儿，驴子就开始往前走了。男孩开心地咯咯笑，旅行者看着他们踏着轻快的步伐快快乐乐地往前走，消失在远方的转角。

＊＊＊

人们常问，要怎么与人和谐相处？我的回答很简单，只要顺其本性。

每个人之所以成为今天这个样子，都有各自独特的生命经历和背景，我们怎么能不尊重呢？你希望做自己，为什么别人就不能？

有位朋友说她父亲已近八十岁了，老妈还是常数落老爸积习难改，她说，父母的相处模式，让她有所警惕，一辈子用尽力气在改变别人，到头来只会让自己感到挫败与愤恨。就像那位猛拉缰绳的小男孩，这种拔河永远没完没了。何不试试祖父的忠告，顺其本性，让事情自然发展？

///

很多人并未了解尊重。尊重，是不论我们认同或是不认同的，只要是出于另一个人的思想和感觉，我们都应该接受和支持。

是的，你有你的个性和观点，我有我的个性和观点，我不干涉你。只要我能，我就感化你。如果不能，那么我就尊重。这就是和谐相处之道。

你不可能让所有人都满意

常有人会有这样的感慨和迷惑：为什么有的人不喜欢我？为什么有人对我不满？

其实，只要有人的地方就有是非。只要有嘴巴，就会有意见和批评，你不可能让所有人都满意，这是大家首先要有的认知。想要被每个人喜爱、希望大家都能认同你，不但吃力不讨好，到头来，你可能会失去真正的自我。

从前有一位画家，想画出一幅人人见了都喜欢的画。经过几个月的辛苦工作，他把画好的作品拿到市场上去，在画旁放了一支笔，并附上一则说明：亲爱的朋友，如果你认为这幅画哪里有欠佳之处，请赐教，并在画中作上标记。

晚上，画家取回画时，发现整个画面都涂满了记号，没有一笔一画是不被指责的。画家心中十分不快，对这次尝试深感失望。

画家决定换一种方式再去试试，于是他又摹了一张同样的画拿到市场上展出。

这一次，他要求每位观赏者将其最为欣赏的妙笔都标上记号。结果是，一切曾被指责的笔画，如今都换上了赞美的标记。

最后，画家感慨地说："我现在终于明白了，无论自己做什么，只要一部分人满意就足够了。因为，在有些人看来是丑的东西，在另一些人的眼里则恰恰是美好的。"

没错，不管你做什么，同样的你，有人喜欢，有人不满，有人嫉妒，也有人讨厌你。在乎每个人的感受，注定自己不好受。所以，不要管别人怎么看，关键是你怎么看自己。

* * *

年轻时我很害羞，无法在大众面前演讲或发表意见，这也连带影响我的表现。我的教授发现我的问题，他告诉我，让别人喜欢我或对我满意不是我的工作，我只要分享讯息就好。他对我说了一句令我永难忘怀的话：“你的工作就是将石头丢入水中。你不需要负责产生多少或多大的涟漪。”

之后，他的话语就一直与我同在。当我感受到试图去满足他人；或因自己的期待而产生压力时，我就会想到这个比喻。

记住但丁的这句名言：“走自己的路，让别人去说吧！”嘴巴是别人的，人生是自己的，何必活在别人嘴里？

///

别人的看法是没有标准的。

当你留长头发的时候，有人说："短发适合你的脸型！"当你剪了短发，又有人说："还是长发好看！"

有时你不去关心别人，有人会说："你不在乎！"而当你去关心，又有人说："你管的太多！"

即使你什么都不做，别人也会有意见："哼，真是自以为是！自命清高！"你不可能让所有人都满意。

知道你是负责人

每一个人都想要自由，但是很少人有真的自由，即使我们自认为活在一个自由的国度里。但是我们真的自由吗？我们能自由地做自己吗？答案是否定的，我们并不自由。真正的自由——是能够按照自己的意愿生活，能够成为真实的自己。

是谁让我们不自由？我们责怪时运不济、政府无能、经济不景气、怪老板、怪配偶、怪上帝……究竟是谁让我失去自由？其实是我们阻碍了自己。当我们责怪某人某事，认为别人该为我们的感受负责，我们就丧失了自由。

自由不是嘴巴说说而已，自由是责任。自由是知道你拥有自己的人生，你是负责人。抱怨别人比较容易，你不必负责，那个责任是在你所抱怨的人身上。然而这么一来，整个方向就错了，如果问题在别人身上，你有什么办法呢？你是受制于别人，你无能为力，这样又何来自由？

“这关我什么事？又不是我的责任！”“又不是我错，为什么要我改变！”在我们的周边，经常听到这样的声音。有些人长期表现自己的愤怒和憎恨，原因在于，他们喜欢归咎、指责或咒骂某人。“是他让我生气”、“是他让我沮丧”……换句话说，他是在逃避责任。

事实上，你负起所有责任，并不是说别人就没有错，就不必负责，这点常被误解。“你的想法是在你心中产生的”。在任何时刻，你都可以决定改变自己的想法，这也表示你无法左右别人的想法。别人对你的反应，是由他们的想法决定的。同样，你要怎么做，也跟他人无关，那是“你的自由”，而别人要如何，也不是你能够控制的。

自由是知道你拥有选择权。你控诉伤害你的人，有时候他的罪责不过是显示你的缺点和脆弱；你怪别人没善待你，你更应该善待自己。你不需要改变别人，但你能改变你对他们的反应。当你选择快乐时，就不必靠别人的某种行动才觉得快乐，也不必去责备、抱怨、怪罪别人。

当然，在开始时，要接受说："我必须负起所有的责任。"并不容易，但这只是开始，因为随着那个责任被接受，情况就会有很大的转变："如果我负责，那我就可以作主；如果我想改变，那我就可以改变。"你将感到惊讶，一旦负起所有责任，你不再责怪他人，你不再是受害者，你不必再求人，你就重获自由。

人们渴望自由，却不知道自己生而自由。放下对他人的执着，让他人自由，也就是让自己自由。

///

自由是你早就拥有的，人家也拿不走它。你可以选择自由，你也能选择放弃，你不会没有选择，从来不会。事实上，你的每个决定，你的每一个思想、你嘴里吐出的每一个字，都是让你去体验你拥有的选择。

你选择你的记忆，你就有怎么样的过去；你设定什么样的目标，你就有什么样的未来；你怎么看待别人，那个人就怎么看待你；你有什么样的心境，你就有什么样的处境……你有什么样的人生，全由你负责。

每个人都想被爱

如果你观察你的每一个愿望，就会发现最根本的愿望只有一个，就是对爱的渴望。人的每个行为后面的动机其实都是在求爱。差别只在，有些人求爱的方式很受欢迎，他们懂得如何赞美别人，为别人付出而获得喜爱；有些人的方式很笨拙，他们常用抱怨、妒嫉、责骂或愤恨的方式去索取爱，结果让爱渐行渐远。

你可以想想那些你爱与不爱的人，那些你想亲近和避之唯恐不及的人。为什么你喜欢这个、不喜欢那个？这答案可能有点现实、有点冷酷，但如果你仔细想想，会发觉这是真的。我们喜爱一个人，通常跟他们本身没多大关系，而是跟你感觉他们给你什么有关。我们每一段关系，或多或少都掺杂了这种个人利害在内，那就是为什么当对方不符合你的期待，对方不再爱你，就会由爱转恨，从喜欢变厌恶。

其实，你最爱的人是自己。

* * *

有一个故事：哥色拉国的国王娶了一位美丽的王妃，两人非常恩爱。有一天国王来到佛陀跟前听法，并开始练习内观，王妃也是位修行者，两人便一起内观。

内观结束后，国王问皇后："在如此辽阔的世上，你最爱的人是谁？"国王正期待着王妃回答："是国王……"但出乎意料，王妃却回答："这世界上恐怕再也找不到比我自己更令我心爱的人了。"

国王听了十分惊讶，他说："我内观的时候，同样的问题也浮现出来，我发现其实除了自己，我谁也不爱。"于是他俩相偕去见佛陀，请教这个问题。

佛陀说："说得好！说得好！这是走出痛苦的第一步，当一个人开始发现这个问题症结所在，就可以走出问题，解决问题，否则一辈子都活在想象中，我爱我儿，我爱我妻，我爱我夫，我爱这，我爱那。其实你谁也不爱，你只爱自己；爱自己的欲望、希望与梦想，我爱这个人是因为我期待他能实现我的理想，一旦他的行为与态度与我所要的背道而驰，所有的爱就消失不见，所以我不是爱别人，而是爱自己，只要能认清这一点，就很容易去除私念，就能够走出以自我为中心的习性。”

* * *

我们都渴望被爱，我们必须了解到别人也一样，别人也有同样的需求，我们之间并没有什么不同。没有例外，我们都想要被体贴、了解、尊重、支持赞美与关爱，只要了解这一点，你就明白该怎么做。

每当有人问我有关感情、婚姻以及人际关系的问题，我都会建议他们问自己，“如果是爱”这四字构成的句子：“如果是爱，我会怎么说？”“如果是爱，我会怎么决定？”“如果是爱，我会怎么做？”只要回到爱，那么，正确的答案就会自动显示出来。

我常引用朋友的例子：有天他下班回家，看到孩子把房间搞得一团乱，太太菜煮好了竟忘了煮饭。他一下子火气都上来，后来想到这“四字真言”，心情很快平静下来，还利用煮饭的时间，把房子整理了一番。

这就对了！爱，就是在别人的负担中看到自己的责任。用你希望别人对待你的方式去对待别人，就是爱的表现。一旦成全人们对爱的渴望，也将获得一直以来渴望的爱。反之，只想被爱，而没有能力爱人，最后连爱都会失去。

/ / /

想过吗？如果你只是单纯地爱，为什么会失望？为什么会怨恨？为什么最后都是以伤害作结束？爱是这样吗？

每天睡前静下来，然后问自己两个问题：

“我对他人的想法和行为是出于爱吗？”

“如果是爱，我现在会怎么做？”

好好想一想，你就会看到以往关系失败的根源，同时找到爱的处方。

你最想要的，就是最要付出的

人们总是为了“谁喜欢我，谁不喜欢我？”而苦恼，但认识到“我要如何喜欢人”才是更重要的问题。

如果你想从别人身上得到认可、关心或喜爱，你会受苦。当你明白，如果你想给别人认可、关心或喜爱，你将会快乐。这是很简单的道理，不是吗？困难之处在于，你不想真的给予，你不想先付出。

* * *

与一位结婚不久的学生聊天，她说：“我越来越怕休假，因为每到周末都要见我的公婆。”

“你不喜欢他们？”我问。

“他们原本就不喜欢我，也不赞成我们结婚，所以对我一直都很冷淡……”听完她描述的境况。我提醒她：“会不会真正冷淡的人是你？因为你怕自己不受欢迎，所以对他们敬而远之，彼此没互动，才感觉冷淡？”我们要先去喜欢对方才能真地关心，否则做得再多，不过是“虚情假意”。

大部分的人都是，你怎么待他，他就怎么待你。有家面粉店老板常用面粉跟馒头店换馒头，他抱怨馒头比以前小了许多，馒头店老板说：“那是因为你给我的面粉少了。一斤换一斤，十两当然只能换十两。”有时我们抱怨别人，其实要检讨的是自己。

佛教称此为“业”因果——别人怎么对你，皆起因于你对别人所做的事。若是令人愉快的，一定是因为你曾做过让他人愉悦的事；若是令人不快的，一定是因为你做过不利他人的事。

我若是对你不善，说你坏话，表面上像是你被打击，其实是我打击自己。因为你会为了这句话反击我或报复我。如果我善待自己，就会对你表达善意。我们给出去的，都会回到自己身上。

＊＊＊

曾有位男士对我说："我挺意外你并不像我想象的样子。看过你写的书和对人生的体悟，我以为你一定是个满腹经纶、不苟言笑的人，没想到你那么风趣。"我说："领悟人生，怎能不欢笑以对呢？"

人生就如一面镜子。你对它笑，它一定对你笑。对它拉长着脸，它会拉长着脸回看你。我认识一些愤世嫉俗的人。他们以为这世界，以及所有人都不关心他们，他们也不关心任何人；当然，他们是寂寞的。他们不造桥，却筑墙，也把自己挡在墙外。要打开心胸去喜欢别人，别人才会喜欢你。

一位护士说得好，每当我看到人们紧绷着脸时，我就开始笑着对他们问好，然后，非常神奇地，我周围似乎突然多了许多微笑着的人。

///

人际关系有一个根本的法则：你心里最想要的，就是你最必须要付出的——想要别人善待你，你就要善待他；想要得到关心，就必须关心别人；你想听什么话，就对他多说那样的话；你希望他怎么对你，就刻意做你希望对方为你做的事。依此类推。

如果你想要在人生有所收获，你就必须先去播种。

做那个你想在世上看到的改变

大多数人都认为生命的运作顺序是：拥有→成为。也就是说，你必须先“拥有”某东西才能“成为”你所想成为的你。

例如，要先拥有爱，才愿意付出爱；要先拥有能力，才付出努力；先有足够的钱，才去做善事；先拥有某些东西，才成为快乐的人。

但这样做却是本末倒置。若没拥有想要的东西，我们就不快乐；若没有足够的钱，就不去做善事；若没有拥有能力，我们就不去努力；若没有得到爱，我们就不可能爱人。

其实，正确的做法应该把顺序反过来：成为→拥有。你不必去寻求、不需要拥有、不必等待某些东西或某件事发生，而是直接从成为快乐、成为满足、成为美好开始，直接从日常生活中活出你想要的。

当你说自己是快乐的，那么你就是快乐的；如果你说自己是满足的，那么你就是满足的。因为除了你之外，还有谁能去衡量这些东西？

你渴望被欣赏，自己就可以满足这个需求，不必靠别人的认同。你要先感受自己的美好，不是因为比别人好，而是因为你表现出美好的特质。

你渴望美好的关系，要先让自己体验到美好的关系，在你周围，哪一个人跟你的关系，是你所渴望的美好关系，然后用你所期待的这种美好关系，来过你的人生。想经营人际关系，倒不如创造出友谊或友善，让它成为你存在的一个质量，让接触到你的每一人都感受到友善，自然会建立起友谊。

如果你想健康，让自己完完全全活在健康的感觉、健康的想法、健康的活动中，那么你就成了一个健康的人。

* * *

我书桌上有一张小卡片，上面写着圣雄甘地的话："自己做那个你想在世上看到的改变。"我把这张卡放在桌上时时提醒自己，也常以此与学生共勉。

当你想要找一个好对象前，也先把自己变成一位好对象。想要获得温暖，就先点亮自己，你将发现最先被照亮的，就是自己。

想要富足，就要把心态从"获取"，转变为"给予"。想获取是因为内心觉得匮乏，如此的话，无论我们得到什么，永远都不会满足。然而当我们可以把拥有的给出去，就变成富足的人。

想感受到爱，就像"高灵"伊曼纽说的：要意识到自己的爱，仅仅就是去爱，然后看看有什么变化发生。你们会看见燃起热情的面孔，所居住的城市也会变得安全起来。感受一下世界上的善意，不需要说任何一件事，爱的力量会改变每一个人。

记住，人生最重要的不是去"拥有"，而是去"成为"。生命不是一个追求的过程，因为，如果你不断在追求，那么你的人生也会一直在追求中，而没有圆满的一天。

///

在人生里，如果你在寻求爱人，不是去寻找，而是要做你寻求的爱人。

在人生里，如果你在寻求幸福，不是去找寻，而要成为人们的幸福之源。

在人生里，如果你寻求快乐，不是去追求，快乐是你制造出来的，是你所成为的，是你分享出去的。如果你在寻求欢笑进入你的生活，当你走进房间时，记得将欢笑带进房间。

先微笑，才有开心的事发生

曾有人问我："你总是鼓励大家不论遇到什么问题都要微笑以对，这会不会有点不切实际，因为若是问题能解决的话，又怎么会愁眉苦脸？而若是问题无法解决，又怎么笑得出来？"

这话正好道出了多数人的盲点。一般人情绪不好时——无论是困在忧郁的悲伤沮丧，还是陷入逆境的挣扎缠斗——无益的情绪干扰了正常的活动，应付工作和享受人生的乐趣，全受到波及。生活只剩下苦处，愉悦欢笑的本能丧失殆尽。这就是为什么我说要微笑以对，先成为一个快乐的人。

* * *

当我说：去成为快乐！从当下这个片刻就开始，我不是跟你谈一个理论或一个学说，这是我由经验得知的。就好像亮光一样：当你家点亮灯光的时候，黑暗如何能存在？它很自然就会消失。

如果你想要解除黑暗，你必须从光下手。想改变对所有事物的感知，最好的方法就是创造出好心情。比方说，你一早起床心情不好，看谁都不顺眼，如果此时想改善什么事，一定是困难重重。当你诸事顺遂而洋溢快乐的情绪，便会对人表现更友善、有耐心，看待事情的观点也会变得不一样。

有位女士告诉我，她希望丈夫对她好一点。近来他时常加班，不帮忙照顾小孩，就算在家时也总是批评这批评那，她说他不像以前那样体贴。

我问她："当他对你好一点时，你有什么不同呢？"她立刻答道："最近我比较唠叨，对他也没好脸色。但只要他能对我好，我也会对他好。"

我问她当她对他好时，通常会怎么做。她说："我会对他微笑，帮他按摩，还会下厨做他喜欢吃的菜。"

我说我有个建议："现在起，假装他对你很好。然后去做以上你所说的那些事。静观其变。"

一两个星期后，他们的关系发生了明显的改变。她告诉我，他对我不再抱怨，也会主动帮忙做家事。甚至，奇妙的事情发生了，我们居然有回到恋爱的感觉。

这技巧是"在做之前，先假装你已经是那样的状态"，表现出深爱对方以及婚姻美满的样子，而后你的伴侣会发现你展现出那种令人欢喜的特质，而对方可能也会跟着改变。

＊＊＊

每天不断肯定地告诉自己，说自己是个乐观进取的人，让你的走路、谈话、想法，都表现出好像你已经是这样的人，你会惊讶于心情比以前好得多，行为也自信得多，之后你就会更深信这套心灵改造方法的神效。

有一位朋友，每次见面时都心情愉快，眉开眼笑。大家打趣说，"那是因为他家庭事业两得意，所以才春风得意。"

他笑说："不，我不是因为顺心如意才快乐；而是因为我一直很快乐，所以做什么都顺心如意。"

他说的对。不是顺心如意让人欢喜，而是欢喜让人顺心如意。如同安德鲁·卡内基所说：“让自己看起来开心，就会真的很开心。”

你没发现吗？笑口常开的人，身边总会发生更多有趣及快乐的事。

/ / /

想想看："当白昼来临时，黑暗到哪里去了？""当你正面思考时，那些负面思考到哪里去了？"你不需要驱逐黑暗，你不需要跟它抗争，那是愚蠢的，只要将一支蜡烛带进去，黑暗就消失。

试试我给你的这个秘诀：先快乐，然后看看会发生什么。让自己经常微笑、欢笑、开怀大笑。如果你能够笑出来，甚至连太阳、云朵、小鸟、花草都会跟着一起笑，你的世界就会变成一个欢乐的天堂。

别忘了，生命中不管遇到什么困难，都不要失去脸上的笑容。

提醒自己死亡将至

如果你发现自己仅剩一年的时间，你会做什么？你会开始不同以往地过日子吗？若是你仅剩下一个星期？或是一天？你会如何度过那一天？

我们总是以为还有许多时间可以用来做自己想做的事情。事实上，我们根本不知道自己还有多少时间。有位学生说了一段他的故事。那是发生在寒假的事，父亲赶着要出国，而他也赶着去赴朋友约会，于是匆忙地跟父亲说一声再见。他不知道这竟是他们最后一次道别，因为从此他们就没“再见了”。

生命是很无常的。有一次我到很远的地方出差，顺道拜访一位朋友，多年未见两人相谈甚欢，于是他邀请我留下用餐，我因还有事待办而婉拒：“等下次吧！”

没想到，几个月后，听到的竟是他因为急性重型肝炎过世的消息。唉！永远不会有“下次”！

* * *

“自己死亡将至”，每个人都应该经常提醒自己，我们每次跟人在一起，都要当成最后一面般地珍惜，别让自己徒留“为时已晚”的余恨。我们不必等到生活完美无瑕，也毋需等到任务都达成，想做什么，现在就可以开始。不要吝于表达心中的话，因为生命是不等人的。

年轻的时候，曾读过史蒂芬·柯维的《与成功有约》，书中提到“每个人在任何事的一开头，就应该要有结束的图像在脑海里。”最让我印象深刻的是里面的一个练习，是要想象你去参加某人的葬礼，正走进灵堂。你沿着走道往下去，一路上看到座位上坐的，都是你认识的脸孔——你的家人、朋友、同事等等。他们面容哀戚，有些人在哭。你走到灵堂最前面，看到一副棺材，你往棺材里面一看，赫然入目的……是你自己！你参加自己的葬礼！

柯维要大家想想，你能想象将来在你的丧礼上，你周围的人如何描述你吗？

那是我第一次明白，人要往前看自己的终点线，不需要等到死亡将至才看得到那条线。

“死前先死过”，然后你就知道该怎么活。有些时间专家建议，假如自己只剩下七天生命，那么你将如何安排？如何度过？多半的回答是：

“如果我剩下七天，我会告诉爱我的人我对他们的爱。”

“如果只剩七天，我想到海滩上尽情地玩，我要到阿里山看日出，我想去欣赏夕阳。”

“如果我只能活七天，我会回家看望父母，我想多抱抱我的孩子，陪他们聊聊天……”

很少人在健康时会想到自己只能活七天了，而真到了那一天，却可能已经躺在床上不能动弹，或者昏迷不醒。那么，还等什么呢？为什么要等到只剩下“最后”的七天？为什么不现在就说？不现在就去做？

///

如果今天是你在人世的最后一年，在公司的最后一个月，在家的最后一天，甚至跟某人见的最后一面，你的选择会是什么？这个想法会彻底改变你做决策的方式，对人生的看法以及对人的态度。

每天早晨醒来，问自己："如果我今晚死了，我会后悔今天什么事没做吗？"

有时，不知道该不该做某件事的时候，一样可以这样问："假设我将要死去，我会怎么做？"事情的重要与否，自会在心中排出顺序。

过着每一天就好像活着的最后一天，那么，即使濒临死亡，你也没有遗憾！

CHAPTER 6

圆满人生，用这种心态就对了

最有效率的方法就是着手去做！

——爱蜜莉亚·厄尔哈特

从“看重成败”变成“看重成长”

人生并不在于你发生了什么事？或是你失去了什么？而是当面临接二连三的考验时，你用什么心态面对——“成败心态”或“成长心态”。

这会有什么差别？差别在于：偏向成败心态的人认同“人生只有赢家和输家”的观念，当他们自认是个输家或是失败者，就会陷入批评、懊悔、自我怀疑、自我嫌恶的痛苦中。成败看得太重，遇到问题，很容易自我设限，不敢迎接挑战。

相反地，成长心态的人会视错误为学习的资源，挫折是必要磨练，面对失败努力克服困境。在迎接挑战过程中学到新技能，最后达成目标。即使未能成功，也获得成长。

我们都是通过不断犯错与失败，才学会现在会的东西，不是吗？

所以，我常对学生说：“犯错时一定要奖励自己。如果你不承担风险，如果你过于保护自己和担心失败，那么你永远走不出安乐窝。”

生命总是夹带着许多的不确定在前进。没有什么能保证一定是对的。除非你一路走到最后，否则你无法知道。我个人的了解是，输赢、成败都不是重点，重点是勇敢尝试。

生命的可贵就在这里，我们不知道未来将会发生什么，但依然乐观地勇往直前。深情热烈地去爱，或许让人受伤，但这也让你成熟；离开熟悉安全的地方，或许危机重重，但就算失败，至少你曾勇敢尝试过。

过错只是暂时的遗憾，而错过才是永远的遗憾。当你年岁渐长，你回顾过往，我可以向你保证：最让你后悔、感伤不已的，是你没有抓住的机会，还有那些你没去面对的恐惧。这才是最大的遗憾。

＊＊＊

引用海明威的话：“这就是人生，你当然会输。重要的是，当你倒下时，展现了哪种风度。就算会输，也不要输给还没试过的恐惧。”

失败不可怕，可怕的是逃避的心态。每回比赛、每段恋情，每次学习新技能，每次考试后，各地都会出现无数失败者。尤其一向是“人生胜利组”的，他们禁不起这个失败，或是失败后便放弃，甚至一蹶不振，这才是最可怕的。

多年来我一直很努力。虽然工作稳定，但是挑战一个接着一个。我的人生固然美好，但也遭遇过多次失败。这世上根本没有所谓的一帆风顺。但现在我变得豁达潇洒，原因就在于改变了自己的心态。从“人生不是赢，就是输”，转变为“人生不是成功，就是成长”。输赢不是一切，学习才是。以成长的心态看待输赢，我发现，根本没有所谓的失败。

///

每次失败的时候，试试看："只问学到什么，不问失去什么。"把心态改变一下，从"看重成败"变成"看重成长"。

无论处境多么令人不快，我们都可以从中学到一些东西。当你有这种意识之后，即使生意没谈成，考试没考好，事情没做对，关系搞砸了，你会变得豁达，你会得到成长，学会以后如何做得更好，或是变成更好的人。

从“看重物质”变成“看重价值”

什么是价值观?

如果我问你:“怎样你才会觉得快乐呢？”也许你会回答:“只要有很多的钱我就会很快乐。”这个回答就是你的价值观。

价值观人人都有：有人重视亲情，有人看重知识，有人重视名誉地位，有人看重金钱利益。价值观会决定你的生活方式，经常加班应酬的人，显然重视事业更胜于家庭和健康。相反地，有人放弃优渥收入，留在家里陪孩子成长，则是重视家庭更甚于事业。

从价值观可以看出，人生中什么事情对你来说是最重要的。你若相信健康很重要，就会不辞劳苦定期运动。你若相信当个好父母很重要，便不会觉得陪孩子玩是浪费时间。你若重视钱，就会凡事都以钱作考虑。

＊＊＊

我们常把金钱名利视为一种成就，整个社会都推崇有钱的人，但是一个人的价值，与他能赚多少钱根本没有关系。然而，这种以利益为导向的价值观，常误导人，认为只要没钱赚、没好处，就没价值。

以价值为导向的人生则不同。有些人选择当医生，目的不是因为高收入，而是希望能济世救人；有些人选择当警察，希望将坏人绳之以法，维护社会公义；有些自愿走向穷乡僻壤，帮助那些被社会遗忘的孩子；不论成与败，他们都活出了自我价值。

陈树菊的故事之所以感人，在于她的善心，她没有因为过去贫穷而死抱着钱不放，反而勤奋刻苦，宁可省吃俭用，也要把省下来的钱用来帮助贫苦的人。善良与金钱无关，善良所赚取的是更有价值的东西，得到的是心灵上的喜乐。

法国剧作家莫里哀说过：“事物的价值都是人定的。”一旦相信真正有价值的是付出，而不是拥有，就会发现自己拥有的财富比原本想象中多很多。

当然，价值观是因人而异的，由于每个人的环境与经历不同，价值观的形成会受到不同的影响。

曾有人问我：我喜欢上些心灵成长课程，男友脑袋却无时无刻都想着如何赚钱，对灵性活动没有丝毫兴趣，该怎么办？

两人价值观不同，非对错问题。当然，别人的行为你无法掌控，你只能影响别人。怎么做？最有效的行为就是与你的价值观相符。例如，你希望成为心灵正向良善的人，这是你的价值，你自己必须遵循着，才可能影响别人。一旦你停止表现良善与正向，就是偏离了自己的价值观。

“要是对人良善，对方却不知感恩，甚至得寸进尺呢？”关于这点，我的看法是：你还是要坚持自己的价值，因为“这就是你跟他最大的差别”，不是吗？

人的行为举止应遵循于正确价值，而非他人的作为和反应。当苏格拉底因为倡导新观念而被罗马法庭判死刑时，他的姐姐哭道："他们怎么可以这样对待你？你又没有做错任何事啊！"

苏格拉底平静地回道："难道你要我真的做了什么错事吗？"

他知道自己的价值要比别人的评价更重要。所以他下狱不肯脱逃，在临刑时，犹念念不忘欠了邻人一只鸡，无法偿还。

价值观，既是待人处世的标准，也是在面临抉择时的一项依据。美国南北战争时的名将李将军，拥有很高的民间声望，一家公司看上了这一点，希望用高薪礼聘他。

"我怕才华不够，做不来。"

"你只要出个名字就好了。"对方说。

"那可不行，我的名字可是不卖的。"在李将军拒绝了诱惑后不久，他应邀成为某大学的校长，即使年薪不到之前的十分之一，他也甘之如饴。

以价值为导向的人，看重一般人所看轻的，也能看轻一般人所看重的。在看重一件事物时，他知道坚持；在看轻一件事物时，他知道拒绝。这就是价值观。

///

你目前拥有的生活，是你依据自己的价值观做出选择，并依据这些价值观采取行动后产生的结果。

如果你过的是以物质为导向的生活，那么不论你拥有多少，永远都会觉得不够。价值观为导向的生活则完全不同，因为不论你处在何种境遇，你的价值观永远都在。

静下来想一想，自己是否必须建立一些新的价值观?

从“追求成就”变成“追寻意义”

在生活中的某个时刻，你可能会感觉到“就这样而已吗？”你得到想要的一切——奖牌、学位、薪水、汽车、房子、头衔，但成就感很快就消失，你还是感到不满足。你下定决心，更加努力向下一个目标前进。但达成之后，你又不满足，又看到下一个目标。就这样，循环再循环。

这是追求成就的迷思。我们总是向外追求，却不知道它就在内心等着我们。我见过许多人在汲汲营营地追求成功，用工作成就当作肯定自我的唯一标准，结果却落得失去婚姻、亲子关系和健康。也看到、听到很多人虽事业有成，内心却依然空虚、不快乐。我的一位朋友曾一边苦笑一边说：“工作不是我人生的全部，却是我耗费全部时间的所在。”所以他试图开创其他方面的生活。

我想说的是，在事业上有很高成就，人生未必成功。你得知道自己要什么？要多少才够？如果你不“适可而止”，你永远无法享受人生。

什么是真正的“成就”？由谁来判断？假如有了财富、地位上的成就，那么其他方面的成就呢？夫妻貌合神离，孩子觉得你不在乎他们，父母对你抱怨，员工对你不满，你脸上失去了笑容，身体越来越糟，这时成就又有什么意义？

年轻的朋友啊！也许你现在并没有什么感觉，但当有一天，在你遇到压力或挫折之后，当你回到一个空无一人的房子，那时，你的房子多大、多漂亮真的不是很重要。到那时候你看待人生会完全不同，物质可以装饰外在，但感受是装不了的。再多的物质，也填补不了内心的空洞。

年过半百，我虽无法做到我梦想的一切事情，但我完成的已经不少了。到了这年纪，赚更多钱或得到更高职位，对我来说，已经不再那么重要。现在我把“追求成就变成追寻意义”当成座右铭，并把这句话带入生活中。我不再要求自己，必须完成特定目标才休假，或与家人同乐；收入只要够用，就算没达到预定的金额，也能感到知足并与人分享。

* * *

那一天我老师过世，他的遗体被火化。我因他的遗体变成灰烬而感到难过，同时体会到：当人死时，我们在世上所拥有的物质一点意义都没有。

我认为成就应该是“更丰富、更有意义的人生”。当你去实践内心深处认为真正重要的事，朝着你认为有价值、有兴趣的方向走，人生才会变得丰富、有意义。这不是一瞬即逝的感觉，而是深刻体会此生没有白活。

我们羡慕那些热爱工作的人、也羡慕那些婚姻幸福、家庭美满的人。羡慕未必是人性中最值得赞赏的特质，但由于羡慕，我们可以清楚地知道我们想拥有什么，这也让我们的追寻有意义。

比方，父亲这个角色对家庭的意义，绝不只是赚钱养家而已，父亲对于孩子来说，是重要价值观的传承者，是孩子学习的榜样，也是家中每一个人的精神支柱。

工作的意义也不只是为了赚钱。如果你看过比尔·盖茨的传记，就会知道他是对计算机有兴趣，不是对钱有兴趣；他对打造优良企业有兴趣，对大理石打造的豪宅没兴趣。想追寻工作意义：就是做自己喜欢、擅长、有热情的事情，这样才能做得好、做得开心。

意义并不存在于外在的表象，意义只存在于我们心中。当我们做任何事物不是出于爱或快乐时，就是爱着不会回爱我们，或是无法回予我们快乐的东西。简言之，就是企图在根本没有意义的东西里面寻找意义。

如果你想找到生命意义，就开始反省：我这辈子结束时，希望后人记得我什么？我会留下什么？我现在做的事情有哪些会在我死后继续留下来？我是否留下典范？这是人们终其一生要问的问题。从追寻意义，找到属于自己的人生方向。这样的人生无疑让你更成功，更有成就感。

///

人们常说："人生要追求更大的成就。"但是，更大的成就有没有让你的家庭更美满？有没有让你更健康快乐？有没有让你与家人的关系更好？有没有让周遭的人更受益？

成就应该是多元的。身体健康是成就，指导孩子的功课是成就，煮一道美味佳肴是成就，与家人、朋友、同学、同事相处融洽是成就，伴侣对你满意是成就，受到大家爱戴是成就，与孩子无所不谈也是一种成就。

重新定义所谓的成就吧！

从“追求快乐”变成“乐在其中”

每个人都想要快乐，渴望快乐，也不断在追求快乐。然而真正快乐的人并不多，问题出在哪里？

朋友到欧洲旅游十二天，回来后对我说：“出国玩得真开心！但想到马上又要上班，为生活忙碌辛苦，唉，心就直往下沉！”

这不正是许多人共同的问题吗？度假期间尽情享受，等回家之后，也许过了几天或几周，度假的感觉就不见了？生活又陷入往日的例行公事中，那份熟悉的不满与无奈又爬了回来。

其实，快乐不需要任何条件，每天都可以欢喜快乐，如果要到度假时才能享受欢乐，平常当然很难快乐。

我们的迷失就在于——总是在“追求快乐”却忘了“乐在其中”。

人们总是把快乐拖延到将来的某个时刻。高中生认为，进入大学之后，日子就快活了；而大学生则认为，大学毕业的时候，一切就好了；而毕业生则想着在走进社会之后，只有在找到一份心仪的工作或创业成功之后，才可能过得开心。但事实真是这样吗?

当学生很辛苦，上班就不辛苦吗?当员工很累，当了老板就不累吗?没钱很烦恼，有了钱就没烦恼吗?“人们之所以不快乐，是因为对快乐有错误的想象，”《其实你不了解快乐》的作者哈佛大学心理学系教授丹尼尔·吉尔伯特表示：“我们总以为只要得到或是做到某件事，就会感到快乐。但我们错了。”人们不断追求远方的快乐，却忘了享受手中已有的幸福。

我常提醒学生，不要想:“何时才能开心?”，应该想:“如何才能开心?”任何生活都是有利有弊、有苦有乐，有些时候，或许我们不得不牺牲一点快乐，去换取目标的实现，但重要的是，不要忘记去发觉能为我们带来实时幸福的事物。

每一个人都有些梦想，有的梦想的确遥不可及；然而，每一个人都有一些小心愿，这些心愿却只需花一点小钱，或拨出一些时间就可以达成的。可是，种种的理由却使我们一拖再拖，终致怨叹一生。

或许你没办法出国度假，但也别放弃你想前往的地方；你可能没完成什么辉煌的大事，但你也别忽略身边许多平凡而愉悦的小事。绝大部分的快乐感受都来自那些生活中点滴经验，而非多大惊喜。例如：晚饭后与家人一起去散步、在花园里欣赏一只蝴蝶、浅尝一口巧克力配一小口咖啡、躺在草地上数星星……一切的美好事物都在我们身边。如果你有觉知的话，现在你就可以快乐。

建立一种活在当下、实时行乐的人生观。不需要发生什么你都可以快乐，不需要赚到很多钱，不需要完成什么计划，也不需要去日本、欧洲才觉得快乐。在你的快乐之上设定这些条件，才是快乐最大的阻碍。也许出国旅行或者得到你想要的东西确实会感到快乐。但其他的时间要怎么办?

一位学生给自己订下目标：“给我两年时间，等我取得学位，我就会快乐？”我说：“其实每一天都是你的生命，为什么现在不快乐，要等两年以后？要等拿到学位以后？”

快乐不在某时某地，它就在此时此地。你要学习的是乐在其中。

///

“追求”意味着你必须在某个东西后面追赶。追求一开始就注定是失败的。如果它已经跟你在一起，你需要去追求吗?

美国作家霍桑说:“幸福是一只蝴蝶，当你想要追逐它的时候，总是追不到；但如果你静静地坐下来，它或许会停在你身上。”

想要快乐，首先要做的就是停止“对快乐的追求”。快乐不需要花几年、几个月、几个礼拜、几天去寻找或等待，它就在现在。你现在就可以快乐，如果你喜欢唱歌、想喝英式下午茶，不必等到当歌星或去到英国，何必绕远路?

别忘了，生命中不管遇到什么困难，

都不要失去脸上的笑容。

图书在版编目（CIP）数据

方向错了，还感觉全世界辜负了你 / 何权峰著 . -- 北京 : 北京时代华文书局 , 2018.2
ISBN 978-7-5699-2190-8

Ⅰ . ①方… Ⅱ . ①何… Ⅲ . ①成功心理－通俗读物Ⅳ . ① B848.4-49

中国版本图书馆 CIP 数据核字 (2018) 第 000958 号

方向错了，还感觉全世界辜负了你

FANGXIANG CUO LE HAI GANJUE QUAN SHIJIE GUFU LE NI

作　　者 | 何权峰

出 版 人 | 王训海
策划编辑 | 樊艳清
责任编辑 | 樊艳清
装帧设计 | 元明设计　迟　稳
责任印制 | 刘　银　范玉洁

出版发行 | 北京时代华文书局 http://www.bjsdsj.com.cn
北京市东城区安定门外大街 136 号皇城国际大厦 A 座 8 楼
邮编：100011　电话：010 - 64267955　64267677
印　　刷 | 河北鹏润印刷有限公司　0317-5196862
（如发现印装质量问题，请与印刷厂联系调换）
开　　本 | 880×1230mm　1/32　印　　张 | 5.75　字　　数 | 120 千字
版　　次 | 2018 年 4 月第 1 版　印　　次 | 2018 年 4 月第 1 次印刷
书　　号 | ISBN 978-7-5699-2190-8
定　　价 | 39.80 元